Der Feldzug

in

Mecklenburg und Holstein

im Jahr 1813.

Ein Beitrag

zur

Kriegsgeschichte dieses Jahres.

Berlin 1817

bei G. Reimer.

Der Feldzug von 1813 und 1814 müßte in allen seinen Theilen genauer beschrieben werden, als es jetzt noch die Zeit erlaubt, um ganz beurtheilt werden zu können, und einzusehen, an welchem Faden oft das Schicksal des Ganzen gehangen.

Diese ungeheure Coalition, welche eine Art Combination in ihren Operationen von der Ostsee bis zum adriatischen Meere erheischte, konnte nicht von einem Willen beherrscht werden, wenn selbst dieser Wille überall gleich gut gewesen.

Einzelne Bruchstücke davon zusammengetragen, müssen nach und nach interessante Aufklärungen geben.

Ein naher, wohlunterrichteter Augenzeuge der Begebenheiten am äußersten rechten Flügel, wird sich in dieser kurzen Darstellung bemühen, solche in ihrem wahren Lichte zu zeigen; so unbedeutend sie an Thaten waren, so wichtig, und auf das Ganze den größten Einfluß habend, konnten sie doch in jedem Augen=

blicke werden; daß sie es nicht auf eine höchst nachtheilige Weise wurden, liegt in den Fügungen der Vorsehung, deren Fingerzeig in d. J. 1813 und 1814 so deutlich die Begebenheiten leitete, welche den Umsturz Napoleons hervorbrachten.

Diejenigen, welche vor dem Waffenstillstande sich in diesen Gegenden zutrugen, gehören eigentlich nicht hieher; nur so viel davon, als zur Einleitung der folgenden, nothwendig zu wissen.

Als die Russen im April über die Oder und Elbe gingen, als Preußen zuerst mit einem Enthusiasmus, der anfangs nicht im Ebenmaße mit seinen Kräften stand, zu den Waffen griff, und sich an selbe anschloß; hatte man nicht auf das frühe Erscheinen Napoleons mit einer neuen, so starken, schlagfertigen Armee gerechnet.

Anfangs und Mitte Aprils stand nur noch der Vice-König von Italien mit 40,000 Mann an der Nieder-Elbe, und manöverirte um Magdeburg. Die frühern Vortheile zu verfolgen, hatte man unterdessen, auch auf dem äußersten rechten Flügel, Streifzüge bis Hamburg geschickt; man hoffte durch Volksbewaffnung und durch die Anstrengungen des ersten wieder auflebenden Freiheitsinnes, bloß von Parteigängern unterstützt, die Sachen dort so lange hinhalten zu können, bis mehrere disponible Kräfte, und namentlich die Schweden, auf diesem Kriegstheater würden auftreten können. Dieß geschah auch anfangs mit dem besten Erfolg. Die Generale Czernitcheff, Dörnberg und Benkendorf hatten eine glänzende Affaire bei Lüneburg gegen den General Morand, den Marschall Davoust, zur Reinigung des linken nördlichen Elbufers nach Lüneburg, detachirte; die Parteien des Generals Tettenborn hielten, was in Bremen war, in Respect und besetzten Hamburg. Gegen die Mitte Aprils wurden diese verschiedenen Detaschements, um mehr Einheit in ihre Operationen zu bringen, sämmtlich der Leitung des russischen und englischen Generallieutenants, Grafen von Wallmoden übergeben, der am 18ten an der untern Elbe eintraf, und meist bei dem Detaschement des Generals Dörnberg, welches im Centro war, blieb.

Indessen die Begebenheiten drängten sich schnell; das Armeekorps des Generals Barclay, welches von Thorn kam, anfangs nach der Nieder-Elbe bestimmt, mußte der von Lützen retirirenden Armee zur Unterstützung eilen. — Der Kronprinz von Schweden, um mehrere Wochen in seiner Landung durch widrige Winde verspätet, wollte nur unter den Bedingungen agiren, die ihm frühere, jetzt nicht zu erfüllende Tractate versprochen hatten. Marschall Davoust hatte bald ein bedeutendes etwa 16 — 18,000 Mann starkes Korps an der Weser gesammelt, und war damit vorgedrungen; die leichten Truppen, die ihm auf diesem Punkte entgegenstanden, wurden zurückgedrängt, Hamburg von Seiten der Insel angegriffen, bombardirt, und mit Ende Mai zwischen sich und dem dänischen Gebiete eingeschlossen. Hamburg fiel, weil keine Mittel da waren, es zu vertheidigen, und dieser Mangel den Geist der Einwohner lähmen mußte. General Tettenborn hatte das Aeußerste gewagt, um die Sache in Hoffnung besserer Ereignisse hinzuhalten; entblößt von allen Dem, was eine so wichtige defensiv Operation erheischte, indem er außer Kosacken, nur in Eile geschaffene neue Infanterie in geringer Zahl hatte, mußte er endlich der Nothwendigkeit weichen, um so mehr, da die politischen Verwickelungen mit Dänemark, nun auch auf dem rechten Elbufer, einen bedeutenden Feind mehr der guten Sache entgegenstellten.

Der Ausdauer seiner Behauptung Hamburgs, hatte man es zu verdanken, daß Davoust's Macht auf diesem Punkte beschäftigt, nicht andere dem Ganzen nachtheiligere Operationen unternehmen konnte; denn Alles, was der an der Nieder-Elbe kommandirende General Wallmoden mit Einschluß des Generals Tettenborn, sich ihm zu widersetzen hatte, und aus Kosacken, einiger regulairen russischen Kavalerie, und ganz neuen meist unbrauchbaren Cadres, neuer Formationen Infanterie bestand, hätte Davoust's Vorrükken, der, sobald er Hamburg genommen, und über die Elbe ging, von 10,000 Dänen sicher war, kaum aufhalten — nie verhindern können; da der Kronprinz von Schweden, um zu agiren, bestimmt auf die Erfüllung eines Tractats drang, der ihm 100,000 Mann zu Gebote stellen sollte, welche damals bei der Hauptarmee selbst nicht waren.

Es ist jedoch nicht zu leugnen, daß eine Diversion mit einem Theile seiner gelandeten Macht zu Gunsten Hamburgs den größten Vortheil gewährt hätte. Sie wurde ihm in der Art vorgeschlagen, daß, während General Tettenborn noch Hamburg besetzt hielt — die Dänen noch unentschlossen waren, er mit den leichten Truppen des Generals Wallmoden vereint, bei Boitzenburg einen Elbübergang machen, ja selbst nur demonstriren sollte; denn Marschall Davoust, der damals etwa 16 — 18,000 Mann stark, in den Inselkrieg bei Hamburg verwickelt war, hätte ihm Alles, was er hatte, entgegenstellen müssen, und würde hiedurch in seinen Operationen, wenigstens um mehrere Wochen, zurückgesetzt worden sein. Der Kronprinz weigerte sich jedoch; und nur durch die eigenmächtige Handlung seines Generals Döbeln, der gleich nach der Landung der ersten Schweden, vor Ankunft des Kronprinzen, mit seiner Division bis Wismar und Gadebusch vorpoussirte, und im Augenblicke der größten

Gefahr Hamburgs, durch die dringende Bitte der Generale Wallmoden und Tettenborn bewegt, auf ihre Verantwortung einige Bataillone Verstärkung dahin abschickte, sah sich augenblicklich der Kronprinz in diese Cooperation, zur Vertheidigung der Stadt, wider Willen verwickelt.

Er entzog auch diese Hülfe denen dort agirenden Truppen, sobald er bei seinem Landen solches erfuhr, cassirte den General Döbeln und zog seine Truppen an die Seeküste zurück.

Alles, was die Alliirten an der Nieder-Elbe hatten, bestand damals an Infanterie aus 3 neuen Bataillonen hanseatischer Legion, in einigen Wochen formirt, und vor den Feind gebracht; 3 Bataillonen Mecklenburger, wovon außer einem Bataillon Grenadiergarde von 100 Mann, die 2 andern erst vor vierzehn Tagen ausgehoben waren, 5 Bataillonen in eben dem Augenblicke erst zu formirender Hannoveraner, von 200 bis 400 Mann; dann einem Bataillon Dessauer, etwas stärker, jedoch auch erst Ende Aprils gestellt; einigen hundert hannöverschen Jägern, einem preußischen Bataillon von 600 Mann; und endlich einem Bataillon russischer Jäger zu 300 Mann.

An Infanterie also:

3	Bataillone	Hanseaten	14 —	1500 M.
3	dito	Mecklenburger	11 —	1200 =
5	dito	Hannoveraner höchstens		1500 =
1	dito	Dessauer		500 =
		ganz ungeübte		4700 M.
1	Bataill.	Preußen	600 M.	
1	dito	Russen	300 =	
				900 =
		Infanterie		5600 M.

An Kavalerie:

Hanseaten eben formirt	800 M.
Hannöversche Husaren eben so	200 =
15 Kosacken Regimenter	4000 =
Russische regulaire Kavalerie	1000 =
Kavalerie	6000 M.

Es ist hiebei zu bemerken, daß, was von diesen Truppen unter den Befehlen des Generals Wallmoden, und nicht in Hamburg war, sich unter den Generalen Dörnberg und Czernitcheff in zwei Detaschements vertheilt befand, und daß, da die Befehle des großen Hauptquartiers bestimmt dahin gingen, zu Gunsten der Armee auch noch Diversionen und Streifereien im Rücken der Hauptmacht des Feindes zu machen, General Czernitcheff, vom General Wallmoden schon von Mitte Mai mit 2500 Pferden und einiger Artillerie nach Braunschweig, Halberstadt, später gar bis Leipzig detaschirt worden, folglich das eigentlich operirende Korps an der Nieder-Elbe ganz unbedeutend und von der wenigst schlagfertigen Composition blieb. Mit diesem mußte jedoch Hamburg unterstützt und die Elbe gesichert werden; um den landenden Schweden keine Besorgnisse zu geben, sowol als der Rücken des bei Berlin agirenden bülowschen Korps gedeckt werden. Marschall Davoust besetzte am 31sten Mai Hamburg, nachdem General Tettenborn, von den Dänen auf der einen Seite bedroht, und von der andern beinahe eingeschlossen, Alles erschöpft, was sich mit seinen Mitteln thun ließ, und diesen kaum eingeschlossenen Platz einen Monat lang gehalten hatte; er repliirte sich auf den General Wallmoden nach Lauenburg.

Dieser erhielt unterdessen den Befehl, sich immediate unter denen des Kronprinzen zu stellen, der jedoch seine Mitwirkung immer noch nur darauf einschränkte, dem General Wallmoden seinen Schutz unter den Kanonen von Stralsund anzubieten. Davoust zögerte nun mit seinen fernern Operationen bis zum Waffenstillstande, der am 9ten hier bekannt wurde. Hätte er solche am 4ten oder 5ten angefangen, würde er wahrscheinlich einen Theil Mecklenburgs besetzt haben. So blieb den Alliirten noch der Punkt von

Lauenburg jenseits der Stecknitz, dieses Wasser, zur Linie für ihre Posten, das lauenburgische Gebiet neutral. Es hatte also von der Mitte April bis Ende Mai ein Korps, welches aus 6 bis 7000 Mann bestand, auf diesem Punkte die offensiven Operationen eines Feindes, der immer zwischen 15 und 20,000 zuletzt bei 30,000 Mann hatte, auf dem nämlichen Fleck aufgehalten. Während des Waffenstillstandes äußerte am 17ten Juli der Kronprinz von Schweden beiläufig, es sollte als Observationskorps gegen den Marschall Davoust der schwedische General Sandels mit einer russischen, einer preußischen und einer schwedischen Division stehen bleiben. Marschall Davoust hatte indessen ein ganz neues Armeekorps, das 13te, aus drei französischen Divisionen, unter den Generalen Loison, Pecheux und Thibault und einer dänischen, unter dem Prinzen Carl von Hessen formirt; es bestand aus den 44. 48. 3. 108. 13. 103. 111. 30. 29. 33. und 61. französischen Infanterie Regimentern; von denen jedes 4 auch wol 5 ja 6 anfangs complette Bataillone zu 600 Mann hatte, in Summe 30,000 Mann — an Kavalerie etwa 1500 bis 2000 Mann, bestehend aus einem Cuirassier Regimente, dem 25sten Jäger Regimente zu Pferde, und einem Regimente de Marche mit etwa 100 Stücken Feldgeschütz. Die dänische Division zählte bei 11,000 Mann, davon bei 1500 Mann Kavalerie.

Die Divisionen waren folgendermaßen eingetheilt.

Die 50ste	aus	den	33sten	leichten
	=	=	29sten	Linien Infant. Regim.
	=	=	3ten	
	=	=	105ten	
Die 40ste	=	=	30sten	Linien Infant. Regim.
	=	=	61sten	
	=	=	111ten	
Die 3te	=	=	15ten	leichten
	=	=	44sten	Linien Infant. Regim.
	=	=	48sten	
	=	=	108ten	

Um die an der Nieder-Elbe gegen einander stehenden Streitkräfte gehörig vergleichen zu können, muß man folgendes Tableau der in Hamburg unter Marschall Davoust's Befehlen gestandenen Franzosen vorlegen, welches aus ganz offiziellen in Hamburg wohlbekannten Quellen geschöpft ist. Bei dem Abmarsche der Franzosen im Juni 1814 sind von den russischen Generalen gezählt worden:

An Infanterie	16921	Mann
= berittener Kavalerie	2384	=
= unberittener dito	1676	=
	20981	Mann.

Transport . . 20981 Mann.

An Artillerie . . . . 2200 =

= Haupt Train etc. etc . . . . 1297 =

24478 Mann.

Vor dem Abmarsche sind entlassen worden Polen und Holländer . . 1515 =

Ingleichen vor dem Abmarsche sind eingeschifft Invaliden, Weiber und Kinder . . . . 1500 =

Desertirt im Laufe der Campagne . . . . 800 =

In den verschiedenen Affairen gegen die Generale Bennigsen und Wallmoden gefangen und geblieben . . . . 7000 =

In den Spitälern blieben bei dem Abmarsche . . . . 4800 =

Ueberhaupt in allen Spitälern im Laufe der Campagne gestorben . . 10800 =

In Summe . . 50893 Franzosen aller Art, welche in Hamburg unter Davoust's Befehlen standen. —

Rechnet man nun auf diese Masse an nicht Combatt. Weiber und Kinder 6000

6000 50893 Franz.

	Transp.	6000	50893 Franz.
Auf Verstärkungen, die dem Marschalle später zukamen, beim Anfange der Feindseligkeiten nicht gegenwärtig waren, wie aus guten Quellen erwiesen, nicht mehr als		4000	
Auf im August 1813 schon im Spital befindliche Kranke, die also auch im Anfange nicht da waren		4000	
			14000

So waren im August 1813 zu den Operationen disponible	36893	Mann.
Rechnet man davon auf die Garnisonen	6893	=
so bleiben zur activen Armee	30000	Mann.

Dazu das dänische Hülfskorps und zwar Infanterie	9000 M.	
Kavalerie	1500 =	
Artillerie	500 =	
		11000

So waren in Summe . . 41000 Mann zu Davoust's Disposition, als die Feindseligkeiten anfingen.

Der ganze Juli verstrich ohne irgend Voranstalten auf diesem Punkte, der doch, da es ein defensiver Observations-Posten gegen einen überlegenen, durch Lübeck, Hamburg und die Linie der Stecknitz wohl bassirten Feind war, solche vor allen andern erheischt hätte; es wurde weder das Armeekorps, welches diesen Posten nehmen sollte, gebildet und organisirt, noch eine Position irgendwo gewählt, und überhaupt eben so wenig an Anlegung von Magazinen und Spitälern gedacht. Erst am 7ten August, 10 Tage vor Anfange der Feindseligkeiten, machte der Kronprinz von Schweden dem General Wallmoden bekannt, er hätte den dortigen Observations-Posten zu übernehmen, indem er, der Kronprinz selbst, mit seiner Armee den äußersten rechten Flügel der gegen Napoleon in Sachsen agirenden Armeen ausmachen würde, und ihn daher bestimmte, den Marschall Davoust zu beobachten, seinen Rücken gegen Berlin sowol, als seine Communikation mit Stralsund, ja endlich diesen neuerlich verschanzten Platz selbst zu sichern, nebenher mit dem vor Magdeburg auf dem rechten Elb-Ufer stehenden preußischen General Puttlitz in Communikation zu bleiben.

Es wurde zu diesem Zwecke dem General Wallmoden an Truppen Folgendes gegeben.

Der schwedische General Vegesak mit einer Division, bestehend in 6 Bataillonen seiner Nation.

Mecklenburger: 3 Bataillone Infanterie, 1 Jäger

Bataillon, 4 Eskadronen Jäger zu Pferde, 2 Eskadronen Frei-Husaren von Schill, in Summa 5395 Mann, davon pptr. 1000 Mann Kavalerie mit 12 Kanonen.

Ferner an Russen: 4 Kosacken Regimenter unter dem General Tettenborn. — An Preußen: das lützowsche Freikorps (3 Bataillone Infanterie, 4 Eskadronen Kavalerie und schlecht organisirte Artillerie) und das Freibataillon Reiche. — An Hanseaten: 2 Bataillone Infanterie, 8 Eskadronen Kavalerie, 1 reitende und 1 Fuß-Batterie, jede von 4 Piecen, welche beide aber erst 3 und 6 Wochen nach Eröffnung des Feldzuges mobil gemacht werden konnten.

An neu formirten Hannoveranern: 1 Jägerbataillon und 5 Bataillone Infanterie, die mit dem einem Bataillone Dessauer eine Division formirten, dabei eine neu organisirte Batterie von 6 Piecen und 3 Eskadronen Husaren.

An russisch-deutscher Legion 6 Bataillone, 8 Eskadronen Husaren, 2 Batterien reitender Artillerie zu 8 Piecen jede.

An Engländern: 1 Husaren Regiment zu 5 Eskadronen, 2 Batterien reitender Artillerie zu 6 Piecen jede, und eine Raketen-Compagnie.

In Summa 19 Bataillone, 28 Eskadronen nebst

4 Regimenter Kosacken.	17334	Mann.
dazu das Korps des Generals Wegesak	5395	=
also in Allem	22729	Mann.

Davon waren 16,273 Infanterie, 5591 Kavalerie, 965 Artillerie.

Also um 18 — 20,000 Mann weniger, als der Marschall Davoust, und dazu eine ganz neue ungebildete, nicht organisirte Infanterie von mehreren Nationen. Außer denen, auch des Krieges wenig kundigen schwedischen Bataillonen, war bei dem ganzen Korps auch nicht eins alter Infanterie, da das preußische und russische Bataillon, welche früher dabei, abgerufen worden. Außer 12 englischen Piecen, welche übrigens erst den 12ten August gelandet wurden, und da sie neu bespannt werden mußten, erst den 25sten August sich an das Korps angeschlossen, eine eben so ungeübte Artillerie. — Das lützowsche Korps gleichfalls mit allen Mängeln kämpfend. — Die russisch-deutsche Legion auf dem Marsche von Petersburg formirt und exercirt, dazu bei dem ganzen Korps kein Commissariat, kein vollständiger Generalstab, keine Spitaleinrichtung, ja nicht einmal ein Parc und Fuhrwesen, so daß es an allen Mitteln fehlte, dem Geschütze mehr Munition, als die bei sich habende, nachzuführen.

In 10 Tagen sollte diese Masse Menschen eine

Armee vorstellen, gegen einen so überlegenen, wohlorganisirten, mit Allem versehenen, von zwei Festungen und der Localität begünstigten Feind, unter einem Generale, der bisher für einen der Entschlossensten gehalten worden. Bedenkt man ferner, wie wichtig dieser Punkt für die allgemeinen Operationen werden konnte, wie die ersten Vortheile Davoust's sogleich eine Rückwirkung auf den bei Berlin stehenden Kronprinzen von Schweden haben würden, da von Boitzenburg bis dahin nur 5 bis 6 Märsche sind; so kann man sich leicht die Lage des Generals denken, der unvorbereitet, in eine ähnliche versetzt wird. Es ist nicht wohl leicht zu bestimmen, was den Kronprinzen von Schweden verleiten konnte, auf diesem Punkte so Vieles dem Ungefähr Preis zu geben, und es ließe sich vielleicht nur aus seiner politischen Lage muthmaßen, daß es ihm nicht unangenehm gewesen wäre, durch irgend eine widrige Begebenheit am äußersten rechten Flügel, auf diesen Punkt abgerufen zu werden, um den sich eigentlich sein Hauptinteresse in diesem Kriege drehte, weil er da im directen Contacte mit den Dänen kommen und seine eigene Sache ausmachen konnte.

Es scheint, daß man in dem Operationsplane dieß für den Anfang zu vermeiden gesucht, und ihn daher an die Hauptoperationen gegen Napoleon gebunden hatte. Dem sei, wie ihm wolle, so ist es klar, daß, wenn Davoust am 17ten seine Operationen mit Nachdruck anfing, er am 22sten auf 2 bis 3 Märsche von Berlin sein konnte, da besonders in den ersten Tagen der General Wallmoden, von Artillerie entblößt, noch beschäftigt war, die ersten Voranstalten, z. B. Pferde Ankauf, und Stellung für die einzige schon ganz brauchbare, nämlich die gelandete englische, zu betreiben, keinen ordentlichen Widerstand hätte leisten können, und die Folgen eines Unfalls bei einer solchen Composition der Truppen in den ersten Tagen, nicht zu berechnen gewesen, und, wahrscheinlich eine Auflösung dieser ganz neuen Infanterie, nach sich gezogen hätten. Wäre er nun am 22sten noch 2 bis 3 Märsche von Berlin gewesen, hätte seine Operationen mit dem General Girard, der von Magdeburg kam, verbunden; ist es wol zu vermuthen, daß der Kronprinz von Schweden die Schlacht bei Groß Beeren hätte annehmen können? Stockte dieses eine Rad der Maschine, so wäre ihr ganzer Gang aufgehalten worden, und Napoleon hätte Luft bekommen.

Die höchst allgemeine Instruktion des Kronprinzen an den General Wallmoden war, den Marschall Davoust wo möglich aufzuhalten, und sollte er vordringen, die Division des Generals Vegesak sich längs der Küste gegen Stralsund zurückziehen zu lassen; der General Wallmoden aber sollte mit dem Reste des Korps sich gegen Berlin wenden, um den Rükken des Kronprinzen zu decken. Stralsund selbst hatte außerdem noch eine Besatzung von 3 bis 4000 Mann neuer englischer Truppen, welche aber bloß zur Garnison dieses Platzes bestimmt waren und blieben.

So standen die Sachen vom 7ten bis zum 17ten August. In diesen Tagen mußten schnell die allernothwendigsten Anstalten aller Art getroffen werden. So ließ z. B. der General Wallmoden den Posten von Lauenburg als eine Art tête de pont über die Stecknitz leicht verschanzen; einige Redouten deckten die im halben Zirkel von der Elbe zur Stecknitz laufende feste Position vor Lauenburg.

Die Localität längs der Vorpostenlinie war beiläufig folgende: Die Stecknitz entspringt bei Lübeck, und läuft gerader Linie gegen die Elbe, in welche sie sich bei Lauenburg ergießt. Gegen ihren Ursprung zu, in einen Canal umgeschaffen, hat man sie mit der aus Hollstein kommenden, und in die Ostsee fließenden Trave vereinigt, so daß sie eine Communikation zwischen der Ostsee und der Elbe macht, und auf dieser Strecke etwa von 8 bis 9 Meilen eine defensive Linie um so mehr bildet, als sie nur 5 Brücken, bei Lauenburg, Büchen, Mölln, Donnerschleuse und Crumesse hat, übrigens aber von Lauenburg bis Mölln ihr östliches Ufer auf mehrere hundert Schritte sumpfig, und das westliche dominirend, und daher zur Vertheidigung möglichst geeignet ist, übrigens ist dieses Wasser von beträchtlicher Tiefe, etwa 40 bis 50 Schritte breit, von Lübeck bis Mölln fließt es abwechselnd zwischen kleinen waldigten Höhen und Ebenen fort. In der nämlichen Richtung wie die Stecknitz, 1½ Meilen davon, nach Mecklenburg zu, liegt der ratzeburger See, von Norden nach Süden, 2 Meilen lang und ¼ breit, durch einen andern Kanal gleichfalls bei Lübeck mit der Trave verbunden, und vor der Stecknitz eine zweite Linie bildend. Eine kleine Meile südlich von diesem, in eben der Richtung und Entfernung der Stecknitz, ist der Schallsee, 1½ Meilen lang, ½ breit; und da die Strecke zwischen diesem und dem ratzeburger See noch von einigen kleinen Seen durchschnitten ist, so bilden eigentlich der Kanal vom ratzeburger See bis in die Trave, die beiden größern, und die kleinen Seen eine zweite Linie von Lübeck bis Zarrentin, ein mecklenburgisches Städtchen, am südlichen Ende des Schallsees liegend. Von Zarrentin ist bis an die Elbe die Gegend offen, und nur ein kleines Wasser, die Schall, aus dem See entspringend, fließt von da in gerader Richtung gegen die Elbe, und bietet hin und wieder dem Uebergange einige Schwierigkeiten dar. Man hat wegen der Seen, um aus dem Lauenburgischen ins Mecklenburgische vorzudringen, nur 4 Straßen; die 1ste über Lübeck nach Dassau und

Grevismühlen, oder nach Schönberg, Rhena und Gadebusch; die 2te über Mölln, Ratzeburg nach Gadebusch; die 3te über Büchen nach Zarrentin oder Wittenburg; die 4te über Lauenburg nach Boitzenburg. Alle diese Straßen, besonders die zwei letztern, durchlaufen meist ein offenes, für jede Waffengattung anwendbares Terrain, welches für Den, der Mecklenburg vertheidigt, wol Aufstellungen für große Korps darbietet, aber keine einzige solche Position, die einen Schwächern im geringsten begünstigte. Der General Wallmoden stellte bei so bewandten Umständen seine Truppen folgendergestalt auf.

Der rechte Flügel, von Ratzeburg bis an die Ostsee gerechnet, wurde von der Division Vegesak *) beobachtet, und solche bei Grevismühlen concentrirt;

*) Es ist oben schon gesagt und nicht zu übersehen, daß die Division Vegesak eigentlich die Besatzung von Stralsund ausmachte, und die Bestimmung hatte, bei einem Rückzuge sich zur Deckung dieser Festung in jedem Falle unter ihre Mauern zu begeben. Dies war dem General Wallmoden in allen seinen Planen ein großes Hinderniß, denn es war ihm nun nicht verstattet, diese Division mit seinen übrigen Truppen auf der Hauptstraße zu concentriren, nämlich auf der von Hamburg nach Berlin, weil sie denn in einem Unglücksfalle nicht wohl mehr nach Stralsund kommen konnte.

Dassau, Schönberg und Ratzeburg als Vorposten leicht besetzt; General Tettenborn als Avantgarde des Generals Wallmoden mit den Freikorps von Lützow und Reiche, nebst den Kosacken, besetzte Mölln leicht, concentrirte sich auf der Ebene hinter Büchen mit seiner Kavalerie, nachdem die Brücke dort abgebrochen war, und besetzte mit dem größten Theile seiner Infanterie die Schanzen vor Lauenburg, als tête de pont über die Stecknitz.

Die Truppen unter des Generals Wallmoden immediaten Befehlen concentrirten sich bei Wittenburg, und die sämmtliche regulaire Kavalerie unter dem General Dörnberg wurde auf der Ebene von Zarrentin gegen Büchen zu aufgestellt. Diese Kavalerie beobachtete Mölln, die Flanke des Generals Tettenborn, und konnte ihn im Nothfall unterstützen.

Ein Detaschement von 500 Mann, unter dem Obersten Grafen von Kielmannsegge, aus hannöverschen Jägern und Hanseaten zusammengesetzt, wurde oberhalb Boitzenburg, zur Beobachtung der Elbe, bis Dömitz aufgestellt, sollte mit den Truppen, die gegen Magdeburg standen, in Verbindung bleiben, und, da alle Fahrzeuge auf dieser Seite waren, häufige Patrouillen über die Elbe schicken. Der General Wallmoden konnte keinen andern Plan haben, als durch seine Vorposten so viel Zeit zu gewinnen, die Absicht des Feindes ohngefähr einzusehen, sodann beim ersten und starken Vordringen desselben, den General Wegesak sich langsam gegen Stralsund zurückziehen lassen, selbst aber seine übrigen Kräfte vereint zu behalten, um, im Fall die ganze Macht des Feindes gegen Stralsund oder die Oder ginge, ihm in der Flanke zu bleiben, sollte er aber mit der Hauptmacht sich gegen Berlin wenden, ihm auf diesem Wege zuvorzukommen, und möglichst seinen Marsch aufzuhalten. Vom Feinde wußte man nur, daß er seine Macht bei Bergedorf, Schwarzenbeck und Lübeck concentrirt hatte. Das neutrale Gebiet trennte ganz die Vorposten, außer bei Lübeck selbst. Es war zu vermuthen, daß er mit seiner Macht schnell entweder das eine oder das andere Ziel zu erreichen trachten werde, nämlich Stralsund bedrohen, und einschließen, welches das Depot aller Kriegsbedürfnisse der Schweden, das Entrepot der englischen Hülfsmittel und der nächste Communikationspunkt mit diesem Lande war, und auf diesen Fall den General Wallmoden observiren und festhalten, oder auf Berlin marschiren, um den Kronprinzen zwischen zwei Feuer zu bringen, und den General Wegesak in schwedisch Pommern zu beobachten.

Marschall Davoust sagt zwar in seiner Vertheidigung: er sollte nur den Feind bedrohen und zurückhalten, den Kronprinzen von Schweden in seinen Verbindungen mit Pommern beunruhigen, und sich bereit halten, die Fortschritte, die das französische Korps, welches auf Berlin ging, machen konnte, zu benutzen; ein aufgefangener Brief von Napoleon an ihn, vom 17ten August aus Bautzen, scheint aber dieser Instruktion vielmehr Ausdehnung zu geben, und befiehlt ihm bestimmt, den schwächern Feind anzugreifen, und sich nicht masquiren zu lassen. Indeß er unterließ dies nicht allein, sondern beunruhigte nicht einmal die Verbindung mit Pommern, denn kein Franzose ist auf mehr als 12 — 15 Meilen der Communikationsstraße nahe gekommen; der Brief ist folgenden Inhalts:

Mon Cousin! le duc de Reggio, avec 80,000 hommes est parti ce matin de Baruth; Je suppose, qu'aujourd'hui ou demain, Vous aurez attaqué ce qui est devant Vous; si l'ennemie Vous est inferieur en force; ne Vous laissez pas masquer par un petit nombre, et par une canaille, telle que les Anseates, la legion, et les trouppes de Wallmoden. Il n'y a de bonnes trouppes contre Vous, que les Suedols, et à peu près le quart, de ce qu'a Bulow, qui est trouppe de ligne. Je recois Votre lettre du 13, je porte mon quartier général à Görliz. L'Empereur Alexandre est à Prague. Les Russes sont entré en Bohême. Les Prussiens ont traversé le pays de neutralité en Silesie. Nous sommes en mouvement. Je vous assure etc. etc.

Bautzen, le 17. Août 1813.

Napoleon.

Am 17ten August verdrängten die dänischen Husaren zuerst den Vorposten von Mölln, und an demselben Abend zeigten sich Têten von Kolonnen, die gegen die Verschanzungen von Lauenburg vorrückten, in welchen 3 Bataillone Lützower mit 5 leichten Kanonen, meist 3pfünder, waren. Am 18ten erst, da übrigens auf der ganzen Linie Alles ruhig blieb, wurden Nachmittags die Schanzen angegriffen, indessen ohne Nachdruck, und bis zum Morgen erhalten. Eine halbe Stunde vor Tages Anbruch wurde der Angriff in mehreren Kolonnen erneuert, und die Schanzen, in welchen Nachts kein Geschütz und nur starke Pikets geblieben, ohne bedeutenden Verlust diesseits emportirt. Die lützowsche Infanterie setzte sich auf die Höhen von Boitzenburg, und vertheidigte den Uebergang der Stecknitz, ohne jedoch Zeit gehabt zu haben, die Brücke bei der Palmschleuse abzubrechen.

Der General Tettenborn wurde hiedurch genöthigt Büchen zu verlassen. Er stellte sich mit seiner Avantgarde hinter der Boitze von Boitzenburg bis Gresse auf. Von der Seite von Lübeck war indessen nichts, außer Plänkeleien auf den Vorposten vorgefallen, es schien nun klar, daß des Feindes Hauptmacht gegen den linken Flügel des Generals Wallmoden stehe, und es war zu vermuthen, daß Berlin der Zweck seiner Operationen sei. General Vegesak blieb noch bei Grevismühlen, und hatte seine Vorposten wie vorhin, nur wurde Ratzeburg verlassen.

Am 20sten fiel nichts vor als daß, da der Feind, der mit einer beträchtlichen Macht die Stecknitz passirt war, und solche gegen den General Tettenborn entwickelte, dieser sich in der Nacht hinter die Schalle, in der Direction des Generals Wallmoden zurückzog, und möglichst die Uebergänge erschwerte.

General Dörnberg behielt Vorposten in Zarrentin, patrouillirte bis gegen Büchen, machte Gefangene und blieb zwischen Camin (auf der Straße von Boitzenburg nach Wittenburg) und Zarrentin in Verbindung mit dem General Tettenborn stehen.

Am 21sten waren nun schon seit 5 Tagen die Feindseligkeiten angefangen, und noch hatte der Feind Nichts gethan, das einen bestimmten Zweck und eine Entschlossenheit verrathen hätte; dies war schon viel in Bezug auf die Operationen des Kronprinzen gewonnen, der bei den dort eintretenden Umständen, innerhalb dieser Zeit, schon eine entschiedene Schlacht konnte geliefert haben. — Marschall Davoust schien auf den Ausgang derselben zu warten, statt ihn mit entscheiden zu helfen. Die große Vorsicht, mit der er vorrückte, bewog nun den General Wallmoden dessen Avantgarde zu engagiren, um noch besser seine Absichten zu entnehmen, er wählte daher die Punkte von Camin und Vellahn zu einer Aufstellung, weil er dem Feinde dadurch den Weg nach Wittenburg und Hagenau vertrat, und Meister blieb, auf der kürzern Linie, Perleberg und die berliner Straße zu erreichen, wenn der Feind von Boitzenburg aus solche einschlüge.

Die Ebene rechts von Camin bis an den Schallsee wurde von einiger leichten Kavalerie observirt, Camin mit einem Bataillon von der russich deutschen Legion besetzt, deren andere 4 Bataillone von Lützow und Reiche, General Dörnberg mit der Kavalerie, und General Tettenborn mit den Kosacken sich auf den Höhen, die links Camin von Goldenbow bis Vellahn laufen, und eine ganz gute Aufstellung gewähren, formirten.

Das Ganze betrug etwa 6000 Mann Infanterie und 3000 Mann Kavalerie mit 12 Kanonen. Der Feind ging Nachmittag erst über die Schalle, und rückte in 3 Kolonnen vor. Die des linken Flügels nahm die Straße von Camin und Wittenburg, die beiden andern rechts davon gingen auf den Nebenwegen gegen Vellahn und Goldenbow vor. Der Angriff schien mehr Recognoscirung zu sein; die Stellung wurde nicht al=

lein mit unbedeutendem Verluste behauptet, sondern Abends sogar beunruhigten die Kosacken und Tirailleurs die ganze feindliche Linie, welche sich etwas zurückzog. Marschall Davoust zeigte hier etwa 16 bis 18,000 Mann, Dänen und Franzosen; seine Reserven brachte er nicht vor. Camin wurde bis am Abend 9 Uhr vertheidigt, obschon es von 4 Bataillonen angegriffen worden.

Der Zweck war nun erfüllt, und in der Nacht repleiirte sich der General Wallmoden auf den Rest seines Korps, der bei Hagenow stehen geblieben. Das Ganze kostete etwa 200 Todte und Blessirte, und der Verlust mag von beiden Seiten ganz gleich gewesen sein. Die Vorposten blieben im Angesicht des Feindes stehen, der nun am 22sten sich bei Wittenburg concentrirte, und das bei Hagenow am 22sten Morgens versammelte Korps weder verfolgte noch beunruhigte.

Es marschirte selbiges nach Kraak, in der Direktion von Neustadt, weil es kein Gefecht bei Hagenow annehmen konnte, und es, da nun des Feindes Absicht gegen Schwerin zu gehen schien, eine Flankenposition in der Nähe von Ludwigslust und Neustadt nehmen sollte. General Vegesak erhielt den Befehl von Grevismühlen sich nach Wismar zu ziehen; eine feindliche Kolonne, welche ihn die ganze Zeit observirte, folgte ihm, ohne sich zu engagiren.

Der 23ste war der Tag der Schlacht von Groß Beeren, und so die Operation bei Berlin entschieden, ohne daß Davoust nunmehr einen bestimmten Antheil daran nehmen konnte; die matte Vorrückung bis hieher, war um so unbegreiflicher, als er in 48 Stunden füglich das hätte thun können, wozu er nun 7 Tage gebraucht, ohne seinem Feinde den geringsten Abbruch zu thun; es fingen im Gegentheil nun schon die Kosacken an, ihn zu necken, und Gefangene zu machen.

Am 23sten Mittags setzte sich der Marschall Davoust von Wittenburg in Marsch nach Schwerin, wo er am 21sten sein ganzes Korps in einer festen Position zwischen den Seen concentrirte. Boitzenburg blieb vom Feinde besetzt, Wittenburg aber nicht, er etablirte seine Communikation über Ratzeburg und Gadebusch.

General Wallmoden nahm bei so bewandten Umständen seine Position zwischen Wöblin und Lübelow auf der Straße von Schwerin nach Ludwigslust, Grabow, Perleberg und Berlin, mit dem rechten Flügel an den Lowitz Bruch, die große Ebene, welche von da bis Schwerin führt, vor der Fronte, hinter sich das coupirte waldigte Terrain gegen Ludwigslust.

Die Vorposten wurden dicht vor das schweriner Lager, eine Avantgarde nach Ortkrug poussirt.

General Vegesak behielt seine Vorposten von Wismar an, bis zum schweriner See, und stellte sich auf der Straße nach Rostock auf. Die Verbindung mit ihm wurde über Kriwitz — Warin erhalten. Gegen die Communikation des Feindes wurde sogleich detaschirt, Wittenburg besetzt, die Straße von Gadebusch nach Schwerin und Ratzeburg beunruhigt, Courire, Transporte aufgefangen, und viele Gefangene eingebracht.

Die hanseatische Kavalerie, welche die Communikation zwischen den beiden Korps der Generale Vegesak und Wallmoden erhalten solte, überfiel gleichfalls einige Posten in der Gegend des nördlichen Ufers des schweriner Sees, bei Hochen Vicheln, und der Marschall Davoust fing an sich um so mehr in eine lächerliche defensiv Attitüde versetzt zu sehen, als er mit imposantem Schein, die Offensive begonnen, ja schon einen Gouverneur von Mecklenburg ernannt hatte. Er detaschirte zwar den General Loison mit einer Division nach Wismar. Dieser poussirte den General L'Allemand gegen Rostock vor, bis wohin sich durch ein Mißverständniß der General Vegesak augenblicklich zurückgezogen, so wie er aber vorrückte, und den General L'Allemand bei Kröplin wieder angriff, wurde dieser auf Wismar zurückgedrängt, und Davoust bei Schwerin in eine gänzliche, ja sogar ängstliche Defensive versetzt; denn schon allarmirte General Tettenborn mit den leichten Truppen sein Lager und Hauptquartier, durch häufige nächtliche Scheinangriffe. Zwischen seinen Seen eingesperrt, erfuhr man, daß er ängstlich nach Nachrichten forschte, und aufgefangene Briefe in Menge, beweisen nichts als Besorgnisse seiner Seits; keine Recognoscirungen wagte er, ja sogar das vor Schwerin gelegene hart an seine Vorposten liegende Holz ließ er von den Kosacken stets besetzt.

Es ist unmöglich auf irgend eine Art dieses Benehmen, welches ununterbrochen so vom 23sten August bis 3ten September dauerte, zu erklären, da es gar keinen militärischen Zweck erfüllte, als den, dem Gegner Zeit zu verschaffen, sich zu organisiren, seine Artillerie mobil zu machen, und seinen neuen ungeübten Truppen Muth zu geben. Der Marschall unterließ zwar nicht in Schwerin durch Bulletins und Parteien die Einwohner zu täuschen, verrieth jedoch dabei stets eine große Besorgniß, die um so auffallender war, als das ganze Land wußte, wie wenig Grund er eigentlich in seiner Lage dazu gehabt hätte.

Den 25sten in der Nacht überfiel das Detaschement unter dem Obersten Grafen Kielmannsegge von Dömitz aus, die gegenüberstehenden französischen Vorposten, mit denen der Feind seine Communikation an dem linken Elbufer mit Magdeburg bisher zu etabliren gesucht. Einige Bataillone von ihm waren zu dem Ende von Boitzenburg an, auf dem gegenüberliegenden Ufer, in kleinen verschanzten Posten bis Gartow oberhalb Dömitz vertheilt gewesen. Diese Postenkette wurde durch den Ueberfall durchbrochen, einige 100 Mann flüchteten nach Danneberg, einem eine Meile von der Elbe gelegenen hannöverschen Städtchen, und setzten sich in einem stark verschanzten Thurm fest. Mit vieler Tapferkeit von Seiten der hannöverschen Jäger und einiger hanseatischer Infanterie wurde dieser Posten erstürmt, und Alles gefangen oder getödtet, mit Verlust von 2 Offizieren und einigen 20 Mann. Diese kleine Unternehmung schaffte festen Fuß auf dem linken Elbufer, und machte der Truppenabtheilung viel Ehre. Der Feind zog seine Posten bis Blekede zurück, und ließ von nun an den Alliirten den Posten von Danneberg, der mit einigen 100 Mann besetzt wurde, und von wo aus stets Parteien und Patrouillen das Hannöversche bis Celle, und längs der Aller bis an die bremer und hamburger Straßen durchstreiften; hiemit war die direkte Communikation mit Magdeburg unterbrochen, und der General Wallmoden in Stand gesetzt, durch Verbindung auf dem linken Elbufer Nachrichten, Rekruten und mehrere Vortheile zu erhalten. Auch dieß ließ der Marschall Davoust geschehen, bald sogar fand er den Posten von Boitzenburg, der mit etwa 1000 Mann besetzt gewesen, aventurirt, zog ihn zurück auf Lauenburg, brach die Brücke über die Stecknitz ab, und damit schränkte er selbst seine Communikationslinie auf die Straßen von Ratzeburg und Lübeck ein, indessen die Kosacken und leichte Kavalerie den ganzen Strich Landes zwischen der Elbe, Stecknitz und der ersten Straße, in Flanken und im Rücken des Feindes benutzten, und durchstreiften, und die 2 Armeekorps bei Kröplin und Wöblin in der größten Ruhe standen.

Es trat sogar der Fall ein, daß am 26sten August vom Kronprinzen von Schweden, der zwischen beiden Schlachten von Groß Beeren und Dennewitz, Besorgnisse wegen seines rechten Flügels hegte, das Korps des Generals Wallmoden den Befehl erhielt, mit dem größten Theile nach Alt-Brandenburg zu marschiren, und indessen den Marschall Davoust zu masquiren; es ließ daher der General Wallmoden den General Tettenborn mit etwa 4000 Mann in der Position bei Wöblin, und marschirte mit dem Reste am 26sten nach Grabow zurück, von wo er auf erhaltene Contre-Ordre am 28sten wieder nach Wöblin ging. Auch dieses gewagte Stück hatte keine Folgen, General Tettenborn blieb ruhig stehen. Die gänzliche Unthätigkeit und die Aengstlichkeit des Feindes bewog den General Wallmoden endlich, etwas zu unternehmen, was in jeder andern Lage, und gegen einen thätigen Gegner, Vermessenheit gewesen wäre. Er beschloß nämlich, den vorwärs Wismar vom Marschall Davoust auf 4 bis 5 Meilen detaschirten General Loison, mit dem General Vegesak vereint, anzugreifen, zu diesem Zwecke das Lager von Schwerin durch den General Tettenborn mit seiner Avantgarde abermals masquiren zu lassen, in 2 Märschen sich mit dem General Vegesak bei Warin, hinter dem schweriner See, in Verbindung zu setzen, und am 3ten Tage den General Loison anzugreifen. Dieß Manöver begünstigte allerdings die See; es konnte bis zu einem gewissen Grade gelingen, der Erfolg mußte dann zeigen, ob man vereint weiter gehen, oder sich wieder auf seine frühere Punkte zu begeben hätte.

Am 2ten setzte sich der General Wallmoden über den Lowitzbruch, der höchstens in dieser Jahrszeit zu passiren war, in Marsch bis Friedrichsruhe, am 3ten sollte er nach Warin gehen, am 4ten angreifen; allein am 3ten Morgens kamen schon Nachrichten von dem Abends und in der Nacht erfolgten Abmarsche des Feindes, der General Tettenborn benutzte, um Schwerin am 3ten früh sogleich zu besetzen, und seine Parteien dem Marschall Davoust auf der Straße nach Gadebusch nachzuschicken.

General Wallmoden hatte durch seinen Marsch nach Friedrichsruhe und schon zum Theil gegen Warin, nun die Gelegenheit, die Arriergarde des Feindes anzugreifen, verloren; denn seine Truppen, die vor Tages

Anbruch schon den zweiten Marsch in der oberwähnten Direktion angetreten, konnten vor den Mittag, Nachmittag und zum Theil Abends spät erst Schwerin erreichen, da der Feind einen Vorsprung von 24 Stunden hatte; dieser Fehler war ihm nicht zur Last zu legen, da nichts in der Welt die entfernteste Veranlassung diese Retirade zu vermuthen gegeben, selbe auch bloß in Folge Davoust's Unentschlossenheit plötzlich bestimmt worden war. — Die Schlacht von Groß Beeren wußte er 5 bis 6 Tage früher, Befehle vom Kaiser hatte er nicht erhalten.

General Tettenborn folgte dem Feinde auf den Fuß, bis dahin, wo die kleinen zwischen dem Ratzeburger- und Schallsee gelegenen Seen diesen einen Haltungspunkt gaben. Hier fielen am 4ten und 5ten bei Turow und Zieten, 1 Meile von Ratzeburg sowol, als bei Gudow auf der Straße nach Mölln, einige lebhafte Arrieregarde Gefechte vor, wo sich die Kosacken und das lützowsche Korps auszeichneten, und dem Feinde Abbruch thaten, der, wie es das Ansehn hatte, in dieser Position stehen bleiben wollte.

Auf seinen linken Flügel zog er sich bis Lübeck zurück, von der hanseatischen Kavalerie lebhaft verfolgt, deren Kommandant Major Arnim vor den Thoren, von einer Kanonenkugel, blieb.

Der Feind hatte nun die Linie der Stecknitz von

Lauenburg bis Mölln genommen, hatte ein starkes Korps vor Ratzeburg von da längs des Kanals, die Communikation mit Lübeck, dieses und Travemünde stark besetzt.

Die unerwartete, keinem Grunde zuzuschreibende Retirade des Feindes hatte gleich am 4ten den General Wallmoden auf den Gedanken gebracht, die Begebenheiten der großen Armeen müßten solche veranlaßt und Davoust den Vorsatz haben, mit dem größten Theile seines Korps zu diesen oder nach Magdeburg zu gehen. In dieser Voraussetzung, da er den Feind auf dem Rückzug nicht hatte einholen können, dieser auch in seiner jetzigen Position zuviel Localitätsvortheile hatte, um ihn selbst anzugreifen, selbst wenn er sich geschwächt hätte, ferner, da es für den Kronprinzen von Schweden am vortheilhaftesten schien, dem Detaschiren gegen ihn alle mögliche Schwierigkeiten in den Weg zu legen, beschloß der General Wallmoden, den Feind an der Stecknitz durch den General Vegesak und Tettenborn festhalten zu lassen, und gleich nach Dömitz mit dem übrigen Theile der Truppen zu gehen, und dort Alles zu einem Elbübergange zu bereiten, um den Marsch des Feindes auf dem linken Ufer, wenn er Statt haben sollte, möglichst zu beunruhigen. Es marschirten daher 12 Bataillone, 14 Eskadronen mit 28 Kanonen von Schwerin über Ludwigslust dahin ab; jenseits in Danneberg stand schon der Obrist Graf Kielmannsegge mit 1 Bataillon und 1 Eskadron; und es kam noch, auf wiederholtes Bitten um Verstärkung, der Obristlieutenant Marwitz mit 2 Bataillonen, 4 Eskadronen preußischer Landwehr, nebst 2 Kanonen am 6ten daselbst an. General Tettenborn mußte indeß den Feind durch Rekognoscirungen beschäftigen, und 1 Kosackenregiment nach Dömitz detaschiren, welches sogleich über die Elbe ging, um gegen Lüneburg zu rekognosciren, indessen Alles zur Schlagung einer Brücke in Stand gesetzt wurde.

Der Feind blieb ruhig gegen die Generale Tettenborn und Vegesak, der wieder bis Grevismühlen vorgegangen war, und seine alten Vorposten genommen hatte, stehen.

Am 8ten rief der Kronprinz den Obristlieutenant Marwitz wieder zurück. Da auch alle Nachrichten dahin übereinstimmten, daß der Feind noch keinen Ueberfall seiner Seits beabsichtige; so beschloß der General Wallmoden selbst wieder sich der Stecknitz zu nähern, und, nachdem er das Detaschement in Danneberg etwas verstärkt hatte, marschirte am 10ten wieder nach Hagenow.

Der 11te und 12te vergingen in Rekognoscirungen der Position von Ratzeburg und Mölln. Sie wurden von Zarrentin aus gemacht, wo General

Tettenborn stand, und wohin sich der General Wallmoden mit einiger Verstärkung begeben. General Vegesak rückte bis Schönberg und Rhena vor.

Die hanseatische Brigade, 2 Bataillone und 8 Eskadronen, wurde bei Raggendorf auf der Straße von Ratzeburg nach Schwerin postirt, sie stand unter den Befehlen, und in nahe Verbindung mit dem General Vegesak. Das Gros des Generals Wallmoden war bei Hagenow und Wittenburg geblieben.

Diese Rekognoscirungen gaben kein Resultat, der Feind aventurirte gar nichts, seine Position, die er nun mit allem Fleiße verschanzte, war zu vortheilhaft, um ihm nahe zu kommen; es verhinderte sogar das äußerst durchschnittene flache Terrain jede Uebersicht derselben.

Am 12ten wurde von einer Patrouille unweit Mölln ein Artillerie Offizier gefangen, bei dem man einen Brief fand, der auf die Detaschirung eines Theils der 50sten Division unter dem Generale Pecheux über die Elbe, Bezug hatte, der Uebergangspunkt sollte der Zollenspicker sein, und dieser alsbald Statt haben. Es war daher keine Zeit zu verlieren. Der General Wallmoden ließ noch am 12ten das ganze unter ihm stehende Korps nach Dömitz aufbrechen, wo die Brücke zum Schlagen fertig war. Es blieb der General Vegesak auf seinem Posten, der von Raggendorf, wo die hanseatische Brigade stand, mit dem 2ten Husaren Regiment der russisch-deutschen Legion und ein paar Piecen der lützowschen Artillerie verstärkt wurde. Es blieben bei Zarrentin ein Kosacken Regiment, 4 Eskadronen Hanseaten, und 3 Bataillone von Lützow, von denen ein Detaschement von 300 Mann Boitzenburg besetzt hatte; alles übrige der Avantgarde, nebst dem General Tettenborn brach am 13ten gleichfalls nach Dömitz auf, wo am 14ten also 6 Bataillone russisch-deutscher Legion, 6 Bataillone Hannoveraner, 1 Bataillon hannöverscher Jäger (schon früher in Danneberg), 1 von Stralsund detaschirtes englisches Bataillon vom 73ten Regimente, 1 preußisches Bataillon Reiche, und 1 Detaschement von 400 Mann lützowscher Infanterie, in Summa 16 Bataillone à 4 bis 500 Mann, 2 Husaren Regimenter, 300 Mann lützowscher Kavalerie, 2 Eskadronen hannöverscher Husaren, und 3 Regimenter Kosacken mit 28 Kanonen, zusammenkamen.

Um das Gewagte dieses Marsches ganz einzusehen, muß man berücksichtigen, daß von Lauenburg nach Dömitz 4 bis 5 Meilen, von der Position des Feindes bei Mölln und Ratzeburg 6 bis 7 dahin sind; daß Alles, was ihm auf dem Wege dahin entgegenstehen blieb, aus 3 schwachen Bataillonen, 4 Eskadronen und 1 Kosacken Regimente bestand, ihn also nie aufhalten konnte, und der mit der hanseatischen Brigade höchstens 6 bis 7000 Mann starke General Vegesak ihm auch keine Besorgnisse geben konnte.

Eine jede Expedition über die Elbe, welche den General Wallmoden um einen Marsch von seiner Brücke entfernte, setzte daher den Marschall Davoust in die Lage, mit ihm an selbe gelangen zu können, und die Folgen davon wären mehr als gefährlich gewesen. Man mußte hier auf den bisherigen Geist, der die Operationen des Marschalls Davoust geleitet hatte, rechnen, um es zu wagen, seine detaschirte Division über der Elbe, mit Aufwand von zwei Tagen anzugreifen, während man ihn am rechten Ufer, und auf der so wichtigen Communikationslinie freies Spiel ließ. Des Marschalls Benehmen rechtfertigte auch dießmal ganz die Voraussetzung, auf welche sich die Expedition gründete, und krönte sein bisheriges Benehmen.

Französische aufgefangene Befehle an die Obrigkeiten am linken Ufer, den Marsch der Division Pecheux und ihre Verpflegung betreffend, gaben selbe auf 9 bis 10,000 Mann an, und es entging daraus, daß solche das linke Elbufer vom Feinde reinigen sollte. General Wallmoden war zwar im Ganzen nicht viel stärker, indessen an Kavalerie und

Artillerie sehr überlegen, auch mußte man auf die Ueberraschung rechnen; denn General Pecheux konnte nicht vermuthen, daß der Feind den Marschall Davoust mit einer Hand voll Leute mehrere Tage masquiren, und einen Fluß hinter sich lassen würde, um ihn mit Uebermacht anzugreifen. Am 14ten passirte er bei Zollenspieker die Elbe, aber statt mit 10,000 Mann nur mit 5 bis 6000 Mann Infanterie, 8 Kanonen und weniger Kavalerie. Er den ersten Tag bis Lüneburg, der General Wallmoden ging am 14ten des Nachts über die Elbe und bis Danneberg, 2 Bataillone und einige Eskadronen blieben hier stehen, um auf den Fall einer feindlichen Verstärkung, welche, ohne daß man es erfuhr, jeden Augenblick Statt haben konnte, den Rückzug zu decken. Mit 14 Bataillonen also, die etwa 6 bis 7000 Mann Infanterie ausmachten, setzte sich der General Wallmoden in der Nacht vom 15ten auf dem 16ten in Marsch, nachdem der Feind am 15ten Abends über Dahlenburg vorgerückt war, und einige Kavalerie (100 Kosacken), die daselbst standen, bis diesseits des großen Waldes zur Görde gedrängt hatte. Der General Wallmoden vermuthete, der Feind werde am folgenden Tage seinen Marsch weiter, über die hügelichten Haiden fortsetzen, welche, von der Görde nach Danneberg laufend, fortfahren, das Terrain für Den günstig zu machen, der seine

Macht verbergen will und eine Art Ueberfall beabsichtigt. Es wurden deshalb immer nur die 100 Kosacken vor dem Feinde gelassen, alles übrige stand verdeckt hinter dazu gelegenen Höhen, auf etwa 1½ Stunden vor dem Görder Wald, den der Feind nun besetzt und seine Vorposten diesseits aufgestellt hatte.

Gegen 10 Uhr Morgens schien es, als rücke er vor, er drängte wenigstens die Kosacken wieder bis Metzingen zurück, allein da man gegen 12 Uhr noch keine eigentliche Bewegung wahrnehmen konnte, und besorgen mußte, er werde sich zurückziehen, und den General Wallmoden dann in eine von seiner Brücke noch entferntere Operation verwickeln wollen, wenn er die wahre Lage der Dinge ahnen sollte; so wurde folgende Disposition zum Angriff in 2 Kolonnen auf den, im Görder Walde selbst, oder vielleicht in der Position vor Oldendorf, hinter demselben, stehenden Feind getroffen. 6 Bataillone, 1 Husaren Regiment der russisch-deutschen Legion mit 2 Batterieen, sollten links der großen Straße über Rieberau gegen den Wald vorgehen, träfen sie keinen Feind oder nur dessen Posten, durchdringen und bei Röthen herauskommen, dort sich dann rechts gegen die wahrscheinliche Position des Feindes wenden, und den fernern Angriff mit dem der andern Kolonne verbinden, welche, nebst der Avantgarde des Generals Tettenborn, auf der geraden Straße so vorrückte, daß zuerst die Kosacken vor dem Walde sich rechts zogen, um selben ganz zu umgehen, während die Infanterie selben angreifen sollte. Sie wurde unterstützt von 6 Bataillonen, unter dem General Lyon, welche der Avantgarde folgten. In der Direktion, wie die Kosacken, ging endlich die übrige Kavalerie unter dem General Dörnberg. Alles dieß, war die Görde nur leicht besetzt, sollte sich jenseits derselben formiren. Die erste Kolonne links traf gar keine Schwierigkeiten, und setzte unaufgehalten ihren Marsch fort; die zweite Kolonne fand die Vorposten des Feindes am Walde. Kurz vor demselben wurde auch auf dem Marsche der General Wallmoden, unangenehm durch mehrere Kanonenschüsse, die auf dem rechten Elbufer, in der Gegend von Boitzenburg fielen, überrascht. Es mußte indessen der Versuch für heute gemacht werden, ohne Rücksicht auf Das, was drüben geschehen konnte.

Der Feind hatte ein Bataillon im Görder Walde, welches sich fechtend durch denselben vor dem Bataillon Reiche und dem Detaschement der lützowschen Infanterie zurückzog.

Die Länge des Waldes mag hier, auf dessen östlicher Seite, wo er schmal zuläuft, und auf der Hauptstraße beinahe endet, eine halbe Stunde betragen. Wie das engagirte feindliche Bataillon nun an den äußersten

Rand desselben auf die Ebene kam, und sich schon von den Kosacken umgangen sah, zog es sich an der jenseitigen Lisière desselben fort, und verlängerte so das Gefecht, bis es weiter hin, da die Kosacken vor der eigentlichen Position des Feindes stehen geblieben, über die Ebene einen Ausweg fand, und sich in Masse auf die gegenüberstehende Höhe an die übrigen anschloß. Diese Höhe, die parallel mit der, worauf der Görder Wald läuft, und von selbem durch ein Defilée getrennt wird, das gegen unsern linken Flügel immer unbedeutender, rechts aber sumpfig und die Quelle eines Baches wird, der weiter hin gegen die Elbe geht, war die eigentliche Position des Feindes; sie ist hoch und steil von der Seite der Görde her, formirt oben ein großes ebenes Plateau, welches sich gegen unsern rechten Flügel bald in ein sehr wellenförmiges, mit Ravins durchschnittenes, und mit Wald bewachsenes Terrain ändert, das so gegen Blekede und die Elbe fortgeht, links in einen sanftern Abhang, und rückwärts wieder eben so sanft abschüssig gegen das koupirte Terrain gegen die Ebene, wo Oldendorf liegt, und die Straße nach Dahlenburg und Lüneburg fortläuft.

Auf dieser Position, deren linker Flügel und Fronte nicht unbedeutende Hindernisse zum Angriffe darbot, hatte sich nun der Feind in einer Linie aufgestellt, und ließ anfangs seine Artillerie auf die Kosacken und die aus dem Walde debouchirende Infanterie nicht ohne Erfolg spielen. General Tettenborn beantwortete es aus 4 Piecen, und so wie die Infanteriedivision des Generals Lyon hervorkam, wurde auch von dieser eine Batterie gegen die dominirende Höhe aufgefahren. Dieß mochte eine kleine halbe Stunde gedauert haben, als die linke Kolonne, die bei Röthen aus dem Walde debouchirt war, und bei dessen Ausgange ein Bataillon in Reserve gelassen hatte, am Fuße der Höhe in der rechten Flanke des Feindes erschien, und nun auch ihr Artilleriefeuer anbrachte. Der Feind schien eine rückgängige Bewegung machen zu wollen; da indessen diese linke Flügelkolonne immer mehr dessen Rücken bedrohte, und 2 Bataillone und Kavalerie gegen Oldendorf detaschirte, so verließ solcher bloß die Crête der Höhe, formirte sich in Quarrés auf dem Plateau, und stellte eine Reserve auf den waldigten Höhen in der Direktion von Blekede auf, weil dieß nun die seiner Retirade sein müßte. Des Feindes unbedeutende Kavalerie hatte sich nur anfangs gezeigt, und augenblicklich den Rückzug des im Görder Walde gestandenen Bataillons gegen die ersten Kosacken gedeckt, nachdem aber war sie ganz verschwunden.

Die Infanterie der Avantgarde, größtentheils in Tirailleurs aufgelöst, hatte dieses Bataillon bis gegen die Position verfolgt, und beschäftigte nun schon den Feind, besonders auf dessen rechtem Flügel. Durch einzelne Steinmassen und Graben gedeckt, couronnirte solche die Crête der Höhe und beunruhigte die Quarrés. Die lützowsche Infanterie hatte bei dem ersten Anlaufe eine Kanone vor der Fronte des Feindes genommen; indessen das mörderische Feuer der Quarrés hinderte alles weitere Vordringen oben auf der Ebene. Der Angriff geschah nun folgendermaßen in 2 Kolonnen; links der General Arnschildt mit 4 Bataillonen der russisch-deutschen Legion, da er 2 links auf Oldendorf detaschirte, und rechts der General Lyon mit 6 Bataillonen, deren 2 eine Reserve machten. So wurde die Höhe erstiegen, und von dieser Seite die Quarrés in Fronte, auf ihrem rechten Flügel und beinahe im Rücken angegriffen; rechts hatte sich General Tettenborn mit seinen Kosacken, und eben so General Dörnberg mit seiner Kavalerie durch das Defilée von Lübben in die linke Flanke des Feindes, ganz nahe vor ihm, auf der Höhe postirt. Mit dem Angriff der Infanterie auf dem rechten Flügel und in der Fronte verbanden sich nun jene dieser Kavalerie auf dem linken. Das erste Husaren Regiment der russisch-deutschen Legion von der linken Kolonne nahm auch auf dem rechten Flügel Antheil am Gefecht. Die Quarrés, 4 an der Zahl, wurden beinahe umringt, und der Kampf ein verzweifeltes Handgemenge auf einem so engen Raume, so daß weder viel Truppen, noch irgend Geschütz entwickelt werden konnte, indem man befürchten mußte, bei der halbzirkelförmigen Stellung sich mit seinem eigenen Feuer zu schaden.

Die Reserve des Feindes hatte eine, hinter dessen linkem Flügel gelegene Höhe besetzt, und wollte dessen Rückzug decken, den die Quarrés, nach mehrmals abgeschlagenem Angriffe der Infanterie und Kavalerie, antreten wollten. Diese Bewegung war das Signal zu einem neuen Anfalle von allen Seiten, der sich mit ihrer allgemeinen Niederlage endigte.

Das 1ste Husaren Regiment der russisch-deutschen Legion, das 3te der englisch-deutschen, brachen durch, 2 Bataillone Hannoveraner, Langrehr und Bennigsen, unter dem englischen Obristlieutenant Halket ebenfalls, mit dem Bajonnett. Die Verwirrung und Unordnung auf dieser kleinen Ebene wurde nun allgemein, nur Versprengte erreichten unter dem Schutze der Reserve, und eines tiefen Ravins die Höhe, auf welcher selbe stand. Lebhaft verfolgt, ließ auch diese ihr Geschütz stehen, und flüchtete in die Wälder. Die finstere Nacht machte dem Gefechte ein Ende. Die weitere Verfolgung hemmte die Besorgniß des Generals Wallmoden, über die möglichen Ereignisse am rechten Elbufer. Die Lisi re des Görder Waldes wurde in der Nacht den Truppen zum Sammelplatz angewiesen. 6 Kanonen mit 15 Munitionswagen, 1 General mit 100 Offizieren und etwa 18 bis 1900 Mann, worunter 7 bis 800 Blessirte, wurden gefangen; mehrere entkamen in der Dunkelheit der Nacht, 4 bis 500 Mann blieben auf dem Platze. Der General Wallmoden verlor etwa 500 Mann Todte und Blessirte, nebst 50 Offizieren und 200 Pferden. Der Feind floh in der Nacht über Blekede nach Lüneburg und Zollenspieker, wo der General Pecheux die Reste seines Detaschements sammelte.

Marschall Davoust schien aus dem Vorfall keine Lehre, sondern nur einen Vorwand zu ziehen, der Armee über die Tapferkeit ihrer geopferten Mitbrüder Glückwünsche abzustatten; man muß diesen vollkommen Gerechtigkeit widerfahren lassen. Die Uebermacht war durch die Kavalerie entscheidend, dagegen die Gegenwehr eben so verzweifelnd; die Stellung, in der solche geleistet wurde, verhinderte ganz den Gebrauch der Artillerie, so wie man sich näher kam; denn man focht überall auf einige 100 Schritte Entfernung. Die Resultate des Gefechts waren im allgemeinen und insbesondere für eine meist ganz neue und ungeübte Infanterie willkommen.

Marschall Davoust schien es sich vorgenommen zu haben, seinen Feind zu bilden, und seine Thätigkeit bloß darauf einzuschränken, ihm Vortheile in die

Hände zu spielen, die er sich sonst auf keine Art zu verschaffen im Stande gewesen wäre.

Den 17ten Morgens kam die Meldung nach der Görde, der Feind habe Tags vorher eine Rekognoscirung mit einigen 1000 Mann gegen Boitzenburg von Lauenburg aus unternommen, der Posten sei aber soutenirt worden, und der Feind habe sich zurückgezogen.

General Wallmoden ließ den General Tettenbörn mit den Kosacken, dem Bataillon Reiche und einem Bataillon lützowscher Infanterie nebst 4 reitenden Kanonen nach Lüneburg vorrücken, und seine Parteien bis gegen Harburg und die bremer Communikation vorpoussiren. Der kleine Krieg, der hierdurch entstand, war, wie leicht zu denken, zum steten Nachtheil des Feindes, der nun eigentlich in seine beiden têtes de ponts zu Harburg und Hopt, (gegenüber Zollenspieker) wo er einige Schanzen hatte, sich blockiren ließ. Hiemit war also das ganze linke Elbufer für ihn verloren, und er trachtete es auch nie wieder zu besetzen.

General Wallmoden sammelte den Rest des Korps am 17ten zwischen Danneberg und Dömitz in enge Kantonirungen, und ließ mit aller Thätigkeit den Bau eines starken und ausgedehnten Brückenkopfes auf dem linken Ufer bei Dömitz befördern.

Am 18ten Abends kam daselbst die Meldung an, der Feind sei Morgens mit Macht von Mölln und Ratzeburg gegen Zarrentin und den dort mit 2 Bataillonen, 4 Eskadronen stehenden Major v. Pettersdorff des lützowschen Freikorps vorgerückt, der sich gegen Wittenburg habe repliiren müssen, Marschall Davoust sei selbst an der Spitze.

Obschon nun der Hauptzweck verfehlt, und General Wallmoden ihm überall zuvorkommen konnte, war es doch zu vermuthen, er werde den Flecken von der Görde auswaschen wollen, und vielleicht sich endlich zu einer großen Offensivoperation, zu Gunsten der Armee Napoleons, entschließen. Es wurde daher noch in der Nacht sämmtliche Kavalerie unter dem General Dörnberg, die reitende Artillerie und einige leichte Bataillone zum Soutien des Majors Pettersdorff gegen Vellahn und Camin vorpoussirt. Der Feind war indessen bei Zarrentin stehen geblieben; wo der Marschall Davoust, der mit 8000 Mann beiläufig vorgegangen, sein Hauptquartier nahm, um am 20sten schon wieder, nachdem er nicht einmal ein vortheilhaftes Gefecht gegen das schwache Detaschement, welches ihn lange aufgehalten, geliefert, in seine alte Position zurückzugehen. Dieß war die einzige und letzte offensive Demonstration des Marschalls Davoust, der ruhig den auf beiden Ufern ausgedehnten Feind auf keine Art mehr incommodirte, da er aber auch keine Detaschements mehr machte, und sich in seine festen Brückenköpfe, und diese noch fester und immer mehr verschanzten Position der Stecknitz einsperrte, denselben zur nämlichen Unthätigkeit zwang.

Sie wurde benutzt den Brückenkopf bei Dömitz zu vervollkommnen, und die Organisatiou der Truppen und des Armeekorps, dem es bisher noch an dem Allernothwendigsten fehlte, zu befördern. Das Korps wurde in enge Kantonnirungen auf der Straße von Dömitz gegen Boitzenburg en échellon verlegt. Das Hauptquartier blieb in Dömitz, General Tettenborn in Lüneburg, Obrist Graf Kielmannsegge in Danneberg; Uelzen und Celle wurden leicht besetzt, bis Hannover und gegen die Weser gestreift. Der letzte Feind, der sich im Hannöverschen von Cassel her zeigte, war ein Detaschement von 400 Husaren, welche die Communikation mit dem General Pecheux zu etabliren gesucht, aber unverrichteter Sache zurückgegangen waren.

Gegen Ende des Monats September fing der Kronprinz von Schweden an, dem General Wallmoden seinen Wunsch zu erkennen zu geben, er möchte den Marschall Davoust oder wenigstens die Dänen angreifen. Die Gegenvorstellungen des Generals Wallmoden dagegen gründeten sich auf die feste Stellung des Marschalls, seine Ueberlegenheit an Infanterie, an Geschütz, an Positions-Artillerie. Was die Dänen anbetraf, so waren solche, da sie vereint mit den Franzosen standen, auf keine Art isolirt anzugreifen. Indessen der Kronprinz bestand mit einer unerklärbaren, wahrscheinlich auf politischen Gründen beruhenden Beharrlichkeit auf dieser Idee, welche der General Wallmoden militärisch für ganz unstatthaft aus dem Grunde ansehen mußte, daß der erste Angriff einer solchen Position nur mit überlegener guter Infanterie und Geschütz zu unternehmen, daß bei um so viel geringern Kräften und einer ungeübten Truppe, es nicht allein ein zweckloser Menschenaufwand, sondern ein mißlungenes Unternehmen in ein Gefecht verwickeln würde, welches eine äußerst schwierige Retirade, und nicht zu berechnende Folgen für das Ganze, nach sich ziehen würde, da nichts zur Aufnahme des Generals Wallmoden auf 30 bis 40 Meilen stand, endlich auch selbst das Zurückdrängen des Marschalls Davoust bei Ratzeburg über die Stecknitz zu gar keinem Zwecke führe; dann in diesem glücklichsten, ja undenkbaren Falle, war doch auf keine andere Offensive hier zu rechnen, wo eine weit stärkere Armee zwischen 2 Festungen stand.

Des Marschalls Davoust Position war folgende: Außer den Truppen, die er an der Nordseeküste, in

Stade und Hamburg und in den zwei Brückenköpfen vor Harburg und Hopt hatte, waren seine ganzen Streitkräfte an der Stecknitz concentrirt. Diese ist, wie oben schon gesagt worden, von Lauenburg bis Mölln wegen der Lokalität und des sumpfigen Ufers, beinahe unangreifbar. Außerdem hatte der Feind nun 4 Wochen benutzt, um durch Kunst noch alle mögliche Zugänge zu erschweren; er hatte daher auch nur einige 1000 Mann nöthig, diese Strecke zu decken. Von Mölln bis an den ratzeburger See war die eigentliche Position, wo das Gros der Dänen und Franzosen in einem durch Natur und Kunst äußerst festen Lager stand. Wälder, Moräste, kleine Seen deckten alle Zugänge. Hätte man diese Hindernisse überwunden, so mußte man sich überall mit schmalen Defilées im Rücken, im Kanonenschuß der feindlichen Verschanzungen entwickeln. Zwischen dieser Position, das ist, der nördlichen Spitze des ratzeburger Sees und dem festen Waffenplatze Lübeck, war an keinen Angriff zu denken, da die Strecke kaum 1½ Meilen, und in 1ster Linie durch den Kanal, in 2ter durch die Stecknitz gedeckt wird. Alle diese weitläufig auseinander gesetzten Gründe änderten indessen die Ansichten des Kronprinzen nicht, der dort einmal eine Schlacht haben wollte, obschon der General Wallmoden sich bestrebte ihm zu beweisen, wie glücklich es sei, daß der Marschall Davoust dazu bisher weniger geneigt gewesen, als es Sr. K. H. schienen; man könne ihm nicht genug danken, bisher auf keine Art die Hauptoperationen durch eine Diversion gestört zu haben, und es würde unverzeihlich sein, ihn aus seinem Schlafe zu wecken. Der Kronprinz versprach erstlich die preußische Landwehr Division Puttlitz, dann nur die Landwehr Brigade Marwitz zur Verstärkung, indessen sollte die Offensivoperation nur immer ihren Anfang nehmen. Sie wurde also vorbereitet; General Tettenborn zu diesem Ende vom linken auf das rechte Elbufer gezogen, jenes nur mit einigen Kosacken Detaschements besetzt behalten, folglich eigentlich dem Feinde wieder Preis gegeben. In Danneberg blieb das Detaschement des Obristen Grafen Kielmannsegge, um nöthigen Falls mit 1 Bataillon der russisch-deutschen Legion, welches in Dömitz formirt wurde, den Brükkenkopf daselbst zu sichern. Alles übrige zog wieder gegen die Stecknitz. Es wurden mit dem General Vegesak einige nöthige Rekognoscirungen verabredet. Sonderbar war es, daß indessen weder die Division Puttlitz, noch die Brigade Marwitz, die auf 3 bis 6 Märsche entfernt waren, je einen Befehl erhielten, zur Verstärkung des Generals Wallmoden zu marschiren, der nebenher auch auf den, nur dem Namen nach existirenden, mit Piken bewaffneten, längst auseinander gegangenen mecklenburger Landsturm, vom Kronprinzen verwiesen wurde, um seiner Operation mehr Haltung zu geben.

Die Lage des Generals Wallmoden wäre eine der unangenehmsten geworden, weil er ohne Mittel eine, seiner Meinung nach, ganz unausführbare Operation unternehmen sollte. Indessen glücklicher Weise erhielt er am 4ten Oktober in der Nacht einen Courier vom Kronprinzen mit der Instruktion, zwar Alles zu versuchen, jedoch eigentlich nach Umständen zu handeln. Es ist zu vermuthen, daß der Uebergang des Generals Blücher über die Elbe, welcher nun den Kronprinzen wieder in eine thätigere Verwickelung an der Oberelbe brachte, und also seine etwaigen Absichten nach Norden aufschob, — dieses veranlaßte.

Um dem Willen des Kronprinzen einigermaßen zu entsprechen, und den Marschall Davoust zu beschäftigen, wurde um dessen Position auf mehreren Punkten rekognoscirt. Am 6ten bei Büchen, am 8ten bei Kogel und gegen den weißen Hirsch, ein starker Vorposten des ratzeburger Lagers, von Seiten des Generals Wallmoden. Von jener des Generals Vegesak wurde die Fronte des ratzeburger Lagers durch Scheinangriffe indessen beunruhigt. Die Resultate dieser Bewegungen waren, wie vorauszusehen, null, und kosteten 4 bis 500 Mann.

General Dörnberg suchte durch einen Ueberfall

mit Tagesanbruch die abgebrochene Brücke bei Büchen zu passiren. Es gelang nicht, der Fluß war zu breit, um mit Balken solche herzustellen. Jenseits derselben geht der Weg noch einige 100 Schritte auf einem Damme zwischen Morästen fort. Auf diesem war eine starke Redoute, gegen die das Feuer von 12 Kanonen, die dem kleinen Gewehr ausgesetzt waren, nichts ausrichtete. Der Feind zog Verstärkung heran. Hätte man den Uebergang forcirt, so wäre drüben auf dem Damme noch ein blutiges Gefecht ohne Zweck zu liefern gewesen; man zog daher ab. Alle übrige Rekognoscirungen schränkten sich auf Vertreibung einiger Posten ein, die man nicht ohne Verlust erkaufte, und nicht besetzt behalten konnte.

Am 10ten bezog daher der General Wallmoden die alten Vorposten und stellte das Korps zwischen Wittenburg und dem Schallsee auf. General Vegesak koncentrirte sich wieder bei Gadebusch und Rhena. Der Feind benutzte Nichts, er blieb ängstlich defensiv, und schien entschlossen, sich durchaus nicht aus seiner Ruhe bringen zu lassen. — Um indessen das Aeußerste zu versuchen, ob er Alles leiden, und nicht einmal seine letzte Communikation mit der Weser und Frankreich behaupten würde, beschloß der General Wallmoden, nun auch durch den General Tettenborn einen Streifzug bis Bremen machen zu lassen.

Es konnte dieses um so ungestörter versucht werden, da der Feind während des Zeitraums von 8 Tagen, wo das linke Elbufer beinahe leer, und nur Danneberg besetzt geblieben, gar nichts daselbst unternommen hatte.

Aus einer in Hamburg gebliebenen Korrespondenz des Marschalls Davoust mit dem Gouverneur Hogendorp, ist zwar zu ersehen, daß er um diese Zeit entschlossen gewesen, den General Osten von Harburg aus mit einigen 1000 Mann gegen Lüneburg, wo 30 Kosacken waren, vorgehen zu lassen, er aber gleich auf die Meldung des Generals Gengoult, der von der Höhe vor Lauenburg den Marsch des Bataillons, welches mit dem General Tettenborn (etwa 600 Mann stark) gegen Bremen zog, bemerkt haben muß, dieses wieder einstellte.

Die bei dieser Gelegenheit dem General Osten ertheilte Instruktion und die Gegenbefehle, sind ein merkwürdiger Beweis der Aengstlichkeit des Marschalls, der in diesem Augenblicke aus denen, auf dem rechten Ufer gegen seine Hauptposition vorgenommenen Bewegungen hätte schließen können, daß das linke kaum besetzt sei, wovon ihn übrigens jede Rekognoscirung überzeugt haben würde. Die des Generals Osten waren angeordnet, wie man das gewagteste Unternehmen vorbereitet, die Contreordre erfolgte auf die Besorgnisse, die im Fernrohre des Generals Gengoult ihren Ursprung hatten. Wäre der Gegenbefehl nicht gegeben worden, wäre der General Tettenborn mit seinen wenigen Mitteln dieser überlegenen Macht begegnet, hätte er nur erfahren, daß sie auf dem linken Ufer ihm in der Flanke und im Rücken seinen Marsch bedrohe, so wäre gewiß die Operation auf Bremen, wenigstens in diesem Augenblicke, nicht unternommen worden, sie konnte nur auf die vollkommene Geringschätzung des Unternehmungsgeistes des Marschalls Davoust beruhen. Sie gelang vollkommen, aus dem nämlichen Grunde, der bisher Alles begünstigt hatte, und in dem Marschall Davoust ganz allein lag.

Mit 8 bis 900 Kosacken, 3 bis 400 Mann regulaire Kavalerie, 4 Stück Geschütz, wobei zwei Haubitzen und 600 Mann Infanterie, durchschnitt General Tettenborn in einer Strecke von 20 Meilen von seinem Korps alle Communikationsstraßen des Feindes, masquirte die kleine Festung Rottenburg, warf den Feind in die Stadt Bremen, haubitzirte solche, drohte mit Sturm, und zwang eine an Infanterie doppelt starke Garnison um Abzug zu bitten. —

Man sieht aus der nämlichen Korrespondenz des Marschalls Davoust mit dem Gouverneur Hogendorp, daß er den Fall von Bremen lange nicht glauben wollte. Indessen auch diesen Unglücksfall ertrug er in der Stille, wie die übrigen, und so hatte nun der General Wallmoden eine eigentlich unhaltbare Linie von Bremen bis Lübeck mit 20,000 Mann gegen eine weit überlegene wohl basirte und concentrirte Armee zu besetzen. Er blieb beinahe in der alten Stellung zwischen Wittenburg und Boitzenburg zum Soutien der gegen die Stecknitz und Ratzeburg möglichst weit vorstehenden Vorposten concentrirt; der General Vegesak bei Gadebusch. Außer unbedeutenden Neckereien fiel nichts vor.

Einmal ließ ein Husarenoffizier des 2ten Regiments russisch-deutscher Legion, bei der Verfolgung eines Trupps sich zu weit verleiten, und verlor einige 30 Gefangene, dieß und ein paar hundert Gefangene, die der Feind bei den verschiedenen Rekognoscirungen anfangs Oktober gemacht, waren die einzigen Successe, deren sich der Marschall zu rühmen hatte, und die einigen Stoff zu Bulletins gaben. Dagegen wurden bei einer vorgehabten ernstlichen Rekognoscirung des Feindes, Mitte Oktobers, in 2 Kolonnen, die eine durch 2 Eskadronen des 1sten Husarenregiments russisch-deutscher Legion, die im Versteck lagen, um Patrouillen zu fangen, bei der Dunkelheit angegriffen, mit Verlust geworfen, und alsobald das weitere Vordringen derselben aufgegeben; die 2te sah sich nicht unterstützt, und kehrte um. So wurden 2 bis 3000 Mann durch einige Eskadronen aufgehalten. General Wallmoden hatte dabei den Vortheil, daß seine Truppen kantonnirten, indessen der Marschall Davoust bei Ratzeburg lagerte, und unendlich viel Kranke bekam.

Die Schlacht bei Leipzig gab wol dem Ganzen der militairischen Operationen einen andern Charakter; allein für das Korps des Generals Wallmoden im Anfange keinen viel vortheilhafteren. Die ganze Macht der Alliirten fing an sich zu entfernen, und schien gegen den Rhein zu gehen. An der Elbe blieb in mehreren Garnisonen ein ansehnlicher Feind. Er konnte auf den Gedanken kommen, diese zu vereinigen, und dieß den Marschall Davoust bewegen, endlich zu Gunsten dieses Planes Etwas zu thun. Jedoch die Kapitulationen von Dresden, Wittenberg und endlich Torgau hoben nach und nach auch diese Besorgnisse. Der General Wallmoden ließ nun Hannover besetzen, Braunschweig war es schon, durch den Obristlieutenant Marwitz. General Tettenborn dehnte sich, durch einige Zwischenposten mit dem General Wallmoden in Communikation bleibend, an der Weser aus, nahm Minden, und vertrieb den Feind aus dieser Gegend, selbst aus dem Oldenburgischen und Ostfriesland.

Lüneburg ließ nun der General Wallmoden

wieder stärker besetzen, Hopt und Harburg allarmiren. Marschall Davoust verhielt sich auch in dieser Epoche ganz ruhig. Ueberhaupt vom 17ten August bis Mitte Novembers, wo die Armee des Kronprinzen herankam, und zu dem General Wallmoden stieß, um gegen die Stecknitz zu operiren, hat dieser General nur eine entscheidend passive Rolle gespielt, obschon ihm seine ganze Lage, und alle Umstände die thätigste angewiesen, die er auch sicher mit größtem Erfolge gekrönt gesehen haben würde. Es wäre hiemit eigentlich der erste Theil der Campagne an der Nieder-Elbe — die nachher Campagne in Hollstein wird — beschlossen. Von dem Tage an, als sich die Avantgarde der Truppen des Kronprinzen näherten, fing der Feind an, noch defensivere Maßregeln zu nehmen. So verließ er am 12ten November das Lager bei Ratzeburg, und zog sich ganz hinter die Stecknitz zurück. Diese Bewegung veranlaßte unserer Seits Rekognoscirungen, die, außer der bei Mölln am 14ten November, jedoch unbedeutend waren. Hier drang die hanseatische Infanterie durch Verhaue bis an die Redouten vor Mölln, welche man stark besetzt fand. Der Verlust unserer Seits war 7 Offiziere und an 100 Mann Todte und Blessirte. — Mit Ende Novembers passirten die schwedischen und einige russische Truppen die Elbe bei Boitzenburg, indessen andere Hopt und Harburg enger blockirten.

Auf diese Bewegung verließ am 1sten December der Marschall Davoust, gegen die mit den Dänen getroffene Uebereinkunft, plötzlich die Stecknitz, die seine Truppen von Lauenburg bis Mölln inclusive besetzt hatten, und zog sich gleich gegen Hamburg zurück, wo ihm von dem Augenblicke an das Korps des Generals Woronzow, etwa 6 bis 7000 Mann stark, nebst dem lützowschen Korps so in Respekt hielt, daß seine Operationen sich bloß auf die Vertheidigung dieses Platzes einschränkten.

Für die Dänen that er nichts, obschon bei dem Vorrücken des Kronprinzen nach Hollstein, und der Retraite des Prinzen von Hessen mit dem dänischen Auxiliarkorps, der Versuch einer Diversion zum wenigsten seine leichteste Pflicht gewesen wäre. Das Korps des Generals Wallmoden hatte gleich nach Annäherung der schwedischen Armee sich am Ratzeburger- und Schallsee concentrirt, und passirte am 4ten December die Stecknitz als linke Flügelkolonne, und eigentliche Avantgarde des Kronprinzen, der mit seiner ganzen Armee vor Lübeck zog.

So weit also von den Begebenheiten des 1sten Theils dieses Feldzugs. Er bleibt darum merkwürdig, weil ein französischer Marschall, an der Spitze eines bedeutenden Korps, müssiger Zuschauer blieb, da er doch in einer Lage war, einen wesentlichen Einfluß zu haben. Eine jede ernstliche Bewegung seiner Seits hätte aus mehreren wichtigen militairischen und politischen Gründen, den Kronprinzen von Schweden, oder einen großen Theil seiner Macht von der Elbe abgezogen, wo doch, wie bekannt, Alles, was sich dort befand, nöthig war, um den entscheidenden Schlag zu führen. Durch eine Unvorsichtigkeit, durch die blinde Befolgung der Befehle des Kronprinzen, hätte höchst wahrscheinlich der General Wallmoden einen bedeutenden Echec erlitten, und diese zu befürchtende Lage herbeigeführt.

Die Alliirten sind dem Marschall Davoust Dank schuldig, es seiner Seits auf keine Art auch nur versucht zu haben; denn des Generals Wallmoden Lage war in den ersten 8 Tagen, bei Eröffnung des Feldzuges, mittellos, und beinahe verzweifelnd; sie verbesserte sich später in etwas, jedoch mußte er immer in 2 Korps getrennt bleiben, konnte also nie auf einem Punkte mehr als 10 — 12,000 Mann höchstens concentriren, und dabei mußte er noch, um nicht den wichtigen Vortheil des Besitzes des linken Elbufers zu verlieren, immer beträchtlich detaschiren.

Der Feind hatte eine vortreffliche Basis, er gar keine, daher ein Echec für ersteren gleichgültig, für ihn entscheidend, und er mußte stets, bis Ende Oktobers in der Angst dieses Echec schweben, und daß dann dieser die erste Veranlassung zu den Unfällen der Coalitonscampagne sein möchte, ein Vorwurf, den er zwar unverschuldet getragen, der aber darum nicht weniger drückend gewesen wäre. Es sei hier erlaubt, noch die Bemerkung über die Vorschläge zu machen, die, nach der Affaire bei der Görde, der General Wallmoden in Hinsicht auf die allgemeine Operation unterlegte. — Als sich Marschalls Davoust Geist und Benehmen nach dieser Affaire ganz ausgesprochen hatte, bat der General Wallmoden den Kronprinzen, eine Verstärkung von 8 bis 10,000 Mann, die nach der Ankunft des Generals Bennigsen wol von der Hauptarmee entbehrt werden konnten, nach der Nieder-Elbe zu schicken. An diese wollte der General Wallmoden einen Theil der Truppen unter seinen immediaten Befehlen anschließen lassen, um seinen bisherigen Posten zu halten, er selbst mit etwa 10,000 Mann aber gerade nach Cassel marschiren. Hier wäre er mit dem General Czernitcheff eingetroffen, dessen kühner Streifzug dadurch eine solide Operation geworden wäre, die von dem Augenblicke des Elbüberganges des Feldmarschalls Blücher an, für Napoleon höchst unangenehm wurde. Hessen hätte sich damals gleich zum Aufstande organisirt, und da von Cassel nach Frankfurt nur 5 bis 6 Märsche sind, so wäre dieses Korps von 15,000 Mann, unter den Generalen Czernitcheff und Wallmoden in der Lage gewesen, eine thätige Rolle bei der Retirade des Feindes zu spielen, wenn selber nicht schon früher gegen dasselbe beträchtlich detaschirt hätte. Davoust, der die nämliche Macht gegen sich behalten hätte, wäre eben so unthätig geblieben.

Der Kronprinz schien einen Augenblick diese Diversion zu billigen, indessen es kamen sogleich wieder Gegenbefehle, die klar bewiesen, daß seine Hauptaufmerksamkeit ganz auf Norden gerichtet sei, und er nichts von diesem Punkte entfernen wollte, was in der Folge an den dortigen Operationen Theil nehmen konnte.

Der 2te Abschnitt dieser Darstellung enthält den Feldzug des Kronprinzen von Schweden in Hollstein und Schleswig und insbesondere den Antheil, den das Korps des Generals Wallmoden daran gehabt.

Es ist im Vorigen gesagt worden, daß Davoust am 1sten December die Stecknitz verließ, um sich ganz auf Hamburg zurückzuziehen, und auf die Vertheidigung des Platzes einzuschränken.

Für's erste schickte ihm der Kronprinz bloß das russische, etwa 8000 Mann starke Korps des Generals Woronzow nach, zu dem er die lützowsche Infanterie stoßen ließ. — Dieses hielt ihn auch im Echec bis das Korps d'Armee des Generals Bennigsen gegen Ende Decembers ankam, den Grafen Woronzow ablösete, der sodann sich an den linken Flügel des vorwärts operirenden Kronprinzen anschloß.

Am 2ten December concentrirte sich die schwedische Armee um Mölln und Boitzenburg, das Korps des Generals Wallmoden um Ratzeburg. Es bestand daselbst, ohne die gegen Lübeck detaschirte Division Wegesak, aus 7 Bataillonen neu formirter Hannoveraner, 7 Bataillonen russisch-deutscher Legion, 2 Bataillonen hanseatischer Legion, 8 Eskadronen Husaren russisch-deutscher Legion, 4 Eskadronen des 3ten Husarenregiments englisch-deutscher Legion, 6 Eskadronen Hanseaten und 6 Eskadronen neuer hannöverscher Husaren; also in Summa aus 16 Bataillonen und 24 Eskadronen.

Hier kam am 5ten der Kronprinz von Schweden an, der in einer Unterredung dem General Wallmoden seine Absicht, nach Hollstein vorzurücken, das Auxiliarkorps zu schlagen, Hollstein zu nehmen, und Dänemark so zum Frieden zu zwingen, mittheilte.

Zu diesem Zwecke sollte der General Wallmoden auf den linken Flügel rasch über die Stecknitz gegen Oldeslohe vorrücken, und so den Feind, den die Schweden bei Lübeck angreifen sollten, tourniren, um ihn von seiner Communikation mit Rendsburg zu trennen. Der General Wallmoden glaubte, man müsse sich begnügen, das ziemlich feste Lübeck zu observiren, und zu umgehen, weil, wenn eine Garnison darin gelassen würde, solche sicher in kurzer Zeit gefangen wäre, indem der Platz nur gegen ein coup de main gesichert und dotirt war. Er erbat sich ferner vom Kronprinzen, daß die Division des Generals Wegesak, welche immer noch vor Lübeck war, sich zu dieser Expedition gleich wieder an ihn anschlösse, weil er den beschwerlichsten und wahrscheinlich thätigsten Theil der Operation auszuführen haben würde. Der Kronprinz versprach nicht nur allein die Division Vegesak alsogleich einrücken zu lassen, sondern nöthigen Falls die Bewegungen des Generals Wallmoden noch mit einer Brigade, ja sogar mit einer Division zu unterstützen. Was Lübeck anbeträfe, wolle er selbiges, wenn es nicht sogleich capitulirte, mit Sturm nehmen, und zu dem Ende sollte am 4ten December die ganze schwedische Macht, aus einigen 20,000 Mann bestehend, sich vor Lübeck concentriren. —

Die Dänen hatten sich, ohngefähr 12,000 Mann stark, unter Befehl des Prinzen Friedrich von Hessen hinter die Trave zurückgezogen, den linken Flügel an das feste Lübeck, den rechten an Oldeslohe gelehnt, wo das Hauptquartier war.

Es konnte für eine so überlegene Macht, als die des Kronprinzen war, Nichts erwünschter sein, als daß sie sich in dieser Position aufhielten. Hätte das Korps des Generals Wallmoden dann schnell die Höhe von Oldeslohe erreicht, und wäre am rechten Ufer der Trave, Segeberg rechts lassend, gegen Neumünster marschirt, indessen der Kronprinz Lübeck masquirte, und den Uebergang über die Trave oberhalb Lübeck forcirte, so wäre wahrscheinlich in 2 bis 3 Tagen das dänische schwache Korps aufgerieben gewesen; statt dessen schickte aber der Kronprinz dem General Wallmoden die Division Vegesak nicht, (die der General Wallmoden bis zum 6ten früh in Siebenbäumen, 3 Stunden jenseits der Stecknitz, auf dem Wege von Ratzeburg nach Oldesloheh, umsonst erwartete) und ließ seine ganze Armee vor Lübeck sich am 4ten und 5ten demonstrirend aufstellen. Am 5ten wurde für Lübeck eine Capitulation geschlossen, vermöge welcher der Feind die Stadt verließ, vor dem 6ten Morgens aber nicht verfolgt werden durfte. So zog sich in der Nacht vom 5ten auf den 6ten das ganze dänische Korps von Oldesloheh und der Trave gegen Segeberg zurück, und gewann einen Marsch den Verfolgenden ab.

General Wallmoden hatte am 3ten seine Avantgarde unter dem General Dörnberg über die Stecknitz geschickt, welche sich bei Klinkrade auf der Straße gegen Oldeslohe aufstellte, er selbst hatte seine Truppen zwischen Ratzeburg und der Stecknitz concentrirt, und hatte sein Hauptquartier in Culpin. Am 4ten wollte er bei Donnerschleuse über die Stecknitz gehen, bei Siebenbäumen sich concentriren, und seine Avantgarde gegen Oldeslohe schicken. Als General Dörnberg in dieser Direktion sich in Marsch setzte, stieß er gegen Mittag auf den Feind, in der Gegend von Siebenbäumen und

Steinhorst. Dieser hatte nämlich von Oldesloh eine Rekognoscirung mit etwa 3000 Mann vorgenommen. Ein dichter Nebel verhinderte, daß General Dörnberg dessen Stärke beurtheilen konnte, er beschränkte sich daher auf die Behauptung des Ortes Deutsch Booden, wohin seine Truppen vorpoussirt waren,* um so mehr, da er schwach an Infanterie war, das ganze coupirte Terrain, ein starker Nebel, und die grundlosen Wege den Gebrauch der Kavalerie und Artillerie ganz hinderten. Der Feind brachte ziemlich viel Infanterie in's Gefecht, welches gegen Abend in Booden hartnäckig war, und dem General Dörnberg einen Stabsoffizier und einige Offiziere todt, und blessirt etwa 50 — 60 Mann kostete. General Wallmoden konnte erst Abends spät in Siebenbäumen eintreffen, weil die Wege grundlos waren. Er verstärkte sogleich den General Dörnberg noch mit einigen Bataillonen, und erwartete den 5ten nur eine Nachricht von der Annäherung der Division des Generals Vegesak, auf einen kleinen Marsch von ihm, um sich vorwärts zu begeben. Er sah diese Verstärkung als nothwendig an, weil er, da er das Korps des Generals Tettenborn, die 3 Bataillone Lützow, 1 Bataillon Reiche nicht mehr hatte, ohne die Division Vegesak nur 16 schwache Bataillone, von 4 bis 500, also 6000 Mann behielt.

An Kavalerie blieben ihm 24 Eskadronen, wovon 6 Eskadronen hannöverscher Husaren, ganz neu formirt und eben eingerückt waren, die übrigen schwach; jedoch machte das Ganze immer an 2000 Pferde aus, welche aber in diesem Terrain wenig zu gebrauchen waren. Am 5ten ließ der General Wallmoden eine Rekognoscirung gegen Oldesloþe machen. General Dörnberg fand die sämmtlichen Vorposten noch stark diesseits, sie zogen sich auf einige verschanzte Posten zurück, das Gefecht war unbedeutend. Nachts kam die Nachricht dem General Wallmoden zu, daß Lübeck capitulirt, und daß der Kronprinz am 6ten vorrücken wolle. Ohne weiter daher auf die Division Vegesak zu warten, welche der Kronprinz bis dahin zu der sonderbaren Demonstration vor Lübeck (wo er die ganze Armee, als zum Sturm bereit, am 5ten hatte in Parade aufmarschiren lassen) bei sich behalten, und die daher nun zwei Märsche beinahe zurück war, brach der General Wallmoden am 6ten früh mit der Avantgarde gegen Oldesloþe auf, und ließ das Korps folgen. Da Oldesloþe bereits verlassen war, ließ er von hier den General Dörnberg mit 4 Bataillonen und 8 Eskadronen gegen Segeberg dem Feinde folgen, das Korps aber bekam gegen Neumünster die nähere Direktion, die Straße von Hamburg nach Oldesloþe bei Nehrs, Blumendorf durchschneidend. Es kantonnirte am 6ten bei Nehrs, Sulfeld, die Kavalerie bei Niendorf, am rechten Ufer der Trave. Am 7ten fand der General Dörnberg, daß der Feind sich, statt von Segeberg nach Neumünster, gegen Kiel gewandt habe. Er überließ also die weitere Verfolgung desselben den Schweden, deren Avantgarde am 7ten Vormittags erst gegen Segeberg kam, und wandte sich gegen Neumünster, wo durch einen forcirten Marsch der General Wallmoden am 7ten Abends sein Korps concentrirte, um dem Operationsplane, der in Ratzeburg verabredet war, gemäß, immer die linke Flanke dem retirirenden Korps abzugewinnen, und solches von Rendsburg, als dessen einzigen Waffenplatz auf der jütländischen Halbinsel, zu trennen.

Am 8ten marschirte das Korps wieder in der Direktion gegen Rendsburg und die Eyder vorwärts, die Avantgarde bis Westensee und Cronenburg; das Korps bis Nortorp, Vorposten gegen die Eyder, Kiel und Rendsburg haltend. General Wallmoden erfuhr, der Feind sei in Kiel den 7ten und 8ten angekommen. Hier wollte er also die Eyder passiren. Die schwedische Avantgarde verfolgte ihn langsam, denn seit einer Affaire bei Bornhöff jenseits Segeberg war nichts vorgefallen; das schwedische Hauptkorps eilte noch weniger, das Gros desselben mit des Kronprinzens Hauptquartier kam erst am 10ten nach Neumünster. General Wallmoden, der vor dem 10ten nicht auf das Eintreffen der Division Wegesak mit forcirten Märschen in Nortorp rechnen konnte, fand nun die Eyder vor sich, links Rendsburg mit einigen Bataillonen besetzt, rechts, in Kiel das ganze dänische Korps versammelt. Er beschloß daher, bloß eine Avantgarde über die Eyder zwischen Kiel und Rendsburg zu schicken, um die Bewegungen des Feindes, sobald er überginge, zu beobachten, beide Orte observiren zu lassen, und sich an der Eyder aufzustellen, bis weitere Nachricht von des Feindes Bewegung einliefe; links von ihm war indessen gegen Husum und Tönningen, der General Tettenborn mit seinen Kosacken herangekommen.

Am 9ten wurde General Dörnberg gegen die Eyder und die Brücke von Cluvensik detaschirt; ein starkes Detasthement bei Aechterwehr gegen Kiel aufgestellt; eben so eins gegen Rendsburg, zur Observirung der Festung, und diesem alle Haubitzen des Korps beigegeben, um in der Nacht vom 10ten auf den 11ten wenn man die Lokalität untersucht hätte, die Festung, die nur eine schwache Garnison hatte, zu beschießen. Der Rest des Korps, aus wenigen Bataillonen bestehend, folgte der Avantgarde gegen Cluvensik. Diese fand die Brücke mit Jägern und 2 Kanonen besetzt, überraschte den Posten, nahm das Geschütz, und machte etwa 100 Gefangene. Jenseits der Eyder stieß sie auf ein Detaschement, welches zur Verstärkung des Postens Cluvensik kam, auch dieses wurde gesprengt, und noch 7 Kanonen genommen. General Dörnberg war nun mit dem Gros der Avantgarde gefolgt, und hatte seinen Patrouillen die Direktion von Ekerenförde gegeben, weil zu vermuthen war, daß von Kiel der Feind gegen Schleswig auf dieser Straße ziehen würde; für seine Person hatte er sich aber mit dem Reste mehr links auf die Straße, die von Rendsburg gegen Ekerenförde und Schleswig gehet, aufgestellt, in der Absicht, auf jeden Fall den Feind von diesem Punkte abzuhalten, wenn er ihn noch über Ekerenförde sollte gewinnen wollen.

Des Generals Dörnberg's Patrouillen waren bei Ekerenförde auf Bagage gestoßen, hatten sich mehr mit der Beute, als Erkundigungen über des Feindes Bewegungen abgegeben, und von demselben keine eingezogen.

General Wallmoden concentrirte den Rest seiner Truppen bei Cluvensik, um nach Umständen dem General Dörnberg zu folgen, oder seine Detaschements bei Aechterwehr gegen Kiel unterstützen zu können.

Vom Kronprinzen waren indessen immer die dringendsten Aufforderungen geschehen, den, wie er bestimmt angab, nach Schleswig retirirenden Feind abzuschneiden, und ihm möglichst Abbruch zu thun. Abends am 9ten erfuhr der General Wallmoden in Cluvensik aus aufgefangenen Briefen, daß der Feind am Morgen Kiel verlassen, über die Eyder dort gegangen, die Brücken abgebrochen, aber nicht welche Direktion er von da genommen; denn weder von dem General Dörnberg, noch von den Schweden langte darüber, wie eben gesagt, bei dem ersten durch den Fehler, den die Patrouillen begingen, bei den andern aus Unwissenheit, etwas Bestimmtes an; doch schien General Dörnberg zu vermuthen, der Feind marschire auf Ekerenförde. Da von der schwedischen Avantgarde, unter dem General Skiöldebrand, gar keine Nachricht einlief, so schickte General Wallmoden einen Offizier dahin ab, um ihm zu sagen, er wolle, da der Feind Kiel verlassen, bei Cluvensik über die Eyder gehen, um ihm in der Direktion von Ekerenförde, die er wahrscheinlich genommen, zu folgen. Am 10ten Morgens wollte General Wallmoden einen Theil der gegen Rendsburg detaschirten Truppen, so wie jene von Aechterwehr an sich ziehen, und so dem General Dörnberg gegen Ekerenförde folgen. Alles dieses konnte sich erst gegen 10 — 11 Uhr bei Cluvensik concentriren, bis dahin mußte Nachricht vom General Dörnberg eintreffen, der jenseits der Eyder auf 2 Stunden vorpoussirt, ohne Communikation mit Cluvensik geblieben, und dessen

Patrouillen, nach ihrem Uebergange, die längs der Eyder am jenseitigen Ufer gerade nach Kiel führende Straße, nicht einmal rekognoscirt hatten.

Auf dieser Straße hatte aber, um Rendsburg gerade zu gewinnen, sich der Feind am 9ten von Kiel gewendet, und auf halbem Wege bei Gettorf in der Nacht auf den 10ten bivouakirt, ohne auf diesseitige Truppen zu stoßen. Morgen den 10ten wollte er seinen Marsch jenseits Cluvensik vorbei, über Sehstadt nach Rendsburg fortsetzen, als gerade General Wallmoden über Sehstadt dem General Dörnberg folgen wollte, und seinen Truppen den Befehl hinterlassen hatte, wenn die Detaschements von Aechterwehr und Rendsburg (wovon nur 2 Bataillone und 6 Eskadronen mit dem Wurfgeschütz bleiben sollten) eingerückt wären, ihm gegen Ekerenförde nachzumarschiren. Jenseits Sehstadt, eine halbe Stunde vor der Brücke, stieß der General Wallmoden, von einigen Adjudanten begleitet, plötzlich auf die Avantgarde des von Kiel kommenden Feindes, und hatte kaum so viel Zeit, einen Offizier mit der Nachricht an den General Dörnberg zu schicken, und schnell Anstalten zum Vorrücken einiger Truppen und Besetzung Sehstadt's durch die rückwärts postirten Truppen zu machen. Es gelang ihm doch noch mit einigen Eskadronen und 1 Bataillon das Dorf vor dem Feinde zu erreichen, der anfangs stutzte, sodann aber mehr Kräfte zum Angriff entwickelte.

General Wallmoden vermuthete, General Dörnberg würde indessen schon durch seine Nacht- und Morgenpatrouillen von dieser unerwarteten Direktion des Feindes benachrichtigt worden sein, und würde in Folge derselben andere Maßregeln ergriffen haben, um die Verbindung wieder herzustellen, die der Feind durch die Wegnahme von Sehstadt ganz abgeschnitten hätte. Dieses Dorf wurde aus diesem Grunde auch gehalten, und von so viel der rückwärts stehenden Truppen unterstützt, als möglich war, um noch eine kleine Reserve zu behalten. Da indessen die Bataillone von Rendsburg erst spät nach Cluvensik kamen, so konnten nur 5 Bataillone in Allem vorgeschoben werden, und da der Feind nach und nach seine ganze Macht entwickelte, so war dies nicht hinlänglich. Er emportirte Sehstadt gegen 10 Uhr. General Wallmoden hatte die in diesem Terrain nicht zu verwendende Kavalerie zurückgenommen. Dies benutzte der Feind, um mit vieler Dreistigkeit die aus Sehstadt retirirenden Truppen rasch mit der seinigen zu verfolgen. — Ein zum Soutien auf der Straße heranrückendes Bataillon wurde dadurch decontenancirt, und von einem Theile der Retirirenden mit fortgerissen, so drang auf der Straße die dänische Kavalerie gerade durch, bis an die bei

Osterade, ohnfern der cluvensiker Brücke, aufgestellten Reserve. Hier wurde nun das Gefecht erneuert, Kavalerie diesseits vorgenommen; Abtheilungen des 1sten Husarenregiments der russisch-deutschen Legion sowol, als später der mecklenburgischen reitenden Jäger, welche der General Vegesak von Nortorp aus vorausgeschickt hatte, hieben sich gleichfalls wieder durch die der Kavalerie nachrückenden dänischen Infanterie bis gegen Sehstadt durch; indessen auf beiden Seiten der Straße, in denen mit Hecken, Graben und kleinen Erdwällen eingezäunten Feldern von der vorpoussirten Infanterie, gegen die aus Sehstadt, um den Marsch der Kolonnen gegen Rendsburg zu decken, vorgeschobenen Abtheilungen der Dänen das Gefecht lebhaft unterhalten wurde.

Nachmittags gegen 2 — 3 Uhr war endlich das dänische Korps ganz passirt, und ließ nur eine Arriergarde zurück, um die Verfolgung zu hindern. Man verlor viel auf beiden Seiten. Die Dänen hatten bei dem ersten Vordringen ihrer Kavalerie, 2 Kanonen, die nicht aus den eingezäunten Feldern zu rechter Zeit herauskonnten, genommen, und 5 bis 600 Gefangene gemacht; nebenher waren diesseits 4 bis 500 Todte und Blessirte; der feindliche Verlust war an 8 bis 900 Mann Todte, Blessirte und Gefangene; eine Kanone ließen sie gleichfalls in den Feldern stehen, eine zweite, die die Infanterie der russisch-deutschen Legion genommen hatte, wurde von ihnen wieder gerettet. Gegen Abend verließ der Feind Sehstadt ganz und traf in Rendsburg ein. Die Communikation mit dem General Dörnberg mußte daher wieder offen sein, doch war nichts von ihm zu sehen noch zu hören, und bis spät in die Nacht fanden des Generals Wallmoden Patrouillen keine der seinigen.

Von der schwedischen Avantgarde in Kiel hatte man auch Nichts erfahren, bis Nachts der abgeschickte Offizier wieder von dorten mit einem Schreiben des Generals Skiöldebrand an den General Wallmoden eintraf, welcher sagte, er habe keinen Befehl gehabt, die Eyder zu passiren, auch habe der Feind die Brücken abgebrochen.

Unerwartet mußte die Lauigkeit dieser schwedischen Operation dem General Wallmoden um desto mehr sein, da er stets Befehle bekommen, die auf den Uebergang der Eyder und schnelle Offensive deuteten. Auch schien ja diese ganze Operation für die schwedische Armee das größte Interesse zu haben. Er hatte das Gefecht bei Sehstadt mit aus der Ursache engagirt und fortgesetzt, weil er vermuthete, die Kolonnen des Feindes würden von der schwedischen Avantgarde in gleicher Zeit hart gedrängt werden. Statt dessen war er vom General Dörnberg getrennt worden, der keinen Antheil an dem Gefechte genommen, und von den Schweden ganz verlassen, mit 8 Bataillonen gegen das ganze dänische Korps engagirt geblieben, und hatte unnütz viel Leute verloren, da der Feind so seinen Zweck erreichte, sich nach Rendsburg zu werfen.

Der Kronprinz traf erst an diesem Tage mit dem Gros bei Neumünster und Ploen ein. General Wallmoden blieb in der Nacht auf den 11ten bei Eluvensik und Osterade stehen.

Dem vor Rendsburg gebliebenen Detaschement hatte er unterdessen den Befehl zugeschickt, das Bewerfen der Stadt einzustellen, da die Garnison jetzt zu einem solchen Versuche zu überlegen war. Vom General Dörnberg kamen erst am 11ten Nachrichten an. Dieser hatte sich, aus Mangel irgend einer Nachricht vom Feinde, woran seine Patrouillen Schuld waren, den 10ten Morgens, der allgemeinen, am Abend vorher gegebenen, Disposition gemäß, sein Haupaugenmerk auf Ekerenförde gerichtet, seine Spitzen dahin stark vorgeschoben, sich auch selbst in dieser Richtung in Bewegung gesetzt; ja selbst das Feuern, welches er bei Sehstadt hörte, brachte ihn anfangs von dem Plane nicht ab, weil er es für eine Demonstration hielt, die Attention von der wahren Richtung des Rückzugs abzuziehen. Später drehte freilich der General Dörnberg von der Gegend Ekerenförde um, aber konnte nicht mehr mit einer bedeutenden Truppe die Arriergarde des dänischen Korps, welches schon in der Gegend von Rendsburg war, erreichen. Da er die Communikation mit dem General Wallmoden für verloren hielt, wollte er sich indessen wieder auf der Straße von Rendsburg nach Schleswig setzen — diese fand er in der Nacht bei Cropp vom Feinde besetzt, mußte ihn delogiren, und zog sich erst am 11ten auf erhaltenen Befehl wieder gegen Cluvensik. General Vegesak hatte einen doppelten Marsch gemacht, seine Avantgarde traf zum Theil gegen Mittag, sein Korps Nachmittag in der Gegend Cluvensik ein. Das Eintreffen eines Korps von mehr als 10,000 Mann in Rendsburg, wo schon eine Garnison von 5 Bataillonen war, änderte nun die ganze Lage der Dinge. General Wallmoden konnte kein anderes Augenmerk haben, als diesen Platz zu beobachten, und nahm daher eine ausgedehnte Stellung bei Cluvensik, Emkentorf und Nortorp, die diesen Zweck erfüllte. Ein starkes Detaschement wurde jenseits der Eyder gelassen, um die Communikation der Festung mit Schleswig zu hindern. Das Hauptquartier kam nach Schirensee, indessen die schwedische Armee sich noch immer langsam über Neumünster und Ploen gegen Kiel bewegte, und die Avantgarde erst am 11ten zum Theil die Eyder passirt hatte.

Am 12ten fingen die Unterhandlungen mit dem dänischen Gouvernement an, und am 15ten wurde ein 14tägiger Waffenstillstand abgeschlossen, vermöge welches Rendsburg im Blockadezustande blieb, und ein Theil des Herzogthums Schleswig besetzt wurde.

Während dieses fingen die Schweden die Belagerung von Friedrichsstadt und später Glückstadt an, welche beide Plätze fielen.

Sehr unglücklich waren die bei den letzten Ereignissen eingetretenen Umstände. Hätte der Kronprinz zur rechten Zeit den General Vegesak sich mit dem General Wallmoden vereinigen lassen; hätte der General Dörnberg durch seine Patrouillen Nachricht von dem Marsche des Prinzen Friedrich bekommen, und wäre er in näherer Verbindung mit dem General Wallmoden geblieben, so hätte das ganze Korps am 10ten früh die Stellung zwischen dem Wittensee und der alten Eyder, etwa eine viertel Stunde jenseits Sehstadt, — um den Weg nach Rendsburg zu sperren — nehmen können. In dieser vorzüglichen Position, bei Ueberlegenheit an Truppen gegen sich, hätte es den Dänen nicht gelingen können, durchzubrechen; wenn sie das Gefecht engagirt, so wären sie ohne Zweifel in die größte Verlegenheit für ihren Rückzug gerathen, im entgegengesetzten Falle, wenn sie es nicht angenommen und auf Ekerenförde zurück gewollt hätten, so wäre gleichfalls diese Retraite gegen eine zahlreiche Kavalerie und leichte Artillerie nicht ohne unendlichen Verlust auszuführen gewesen, wenn vollends, was wol nicht anders zu erwarten stand, die schwedische Avantgarde am 10ten früh nur die Eyder bei Kiel passirte, und in ihrem Rücken demonstrirte. Es schien nicht schwer, ihnen unter diesen Umständen den Rückzug ganz abzuschneiden, und sie zu einer Kapitulation im offenen Felde zu zwingen.

Während der Unterhandlungen wurden dem Korps des Generals Wallmoden die Gegend von Itzehoe und Nortorp zum Kantonnement angewiesen. Einige Kavalerie desselben blieb zur Cernirung und Beobachtung vor Rendsburg am diesseitigen Ufer der Eyder bestimmt, jenseits gegen Schleswig blieb die hanseatische Brigade, General Vegesak in Nortorp.

Am 5ten Januar war der Waffenstillstand abgelaufen, der Friede aber nicht geschlossen; die Truppen daher auf's Neue zu fernern Operationen concentrirt. General Wallmoden sollte die enge Blockade von Rendsburg befehligen. Es wurde ihm zu diesem Zwecke eine russische Brigade Kavalerie, unter dem General Pahlen, vom Korps des Generallieutenants von Woronzow, zugetheilt, desgleichen eine schwedische

Infanteriebrigade mehr, welche mit der Division Vegesak und den Hanseaten den Platz auf der nördlichen Seite gegen Schleswig berennen sollte. General Wallmoden nahm sein Hauptquartier in Nortorp. — Es war des Kronprinzen Absicht, Rendsburg nicht allein enge zu blockiren, sondern förmlich zu beschießen. Man wußte, daß die Festung nur auf einige Wochen Lebensmittel hatte. Indessen war Ersteres darum schwer, weil die Garnison stark war, und an 1500 Mann Kavalerie hatte, ferner in der Nähe der Festung, und überhaupt keine große Ortschaften, bei dem strengen Winter und sehr hohen Schnee, zum Unterbringen der Truppen, vorhanden und endlich die auf der östlichen Seite der Festung gelegenen Moräste zugefroren waren. Letzteres, das Beschießen, war deshalb schwer, weil die Jahrszeit besonders streng, alles Arbeiten in der Erde, die Schuh tief gefroren, mit 2 bis 3 Schuh hohem Schnee bedeckt war, unmöglich machte. Der starken, mit Kavalerie und gut bespannter Feldartillerie wohl versehenen Garnison wären auf jedem Punkte sichere Ausfälle mit Uebermacht ein Leichtes gewesen, und sie mußte solche machen, um sich Lebensmittel zu verschaffen. Es war hiebei zu bemerken, daß der Kronprinz gar kein schweres Geschütz hatte, vor Glückstadt hatte das Geschütz der englischen Flotille gedient, und wol allein gewirkt. Friedrichsstadt war ganz unwirksam von der schwedischen Feldartillerie beschossen worden, und hatte sich ohne Noth ergeben. Nun sollte die, in diesen beiden Plätzen eroberte, vor Rendsburg dienen, sie war aber ganz außer Stande. Ohne brauchbare Lavetten mußte sie auf Schlitten herbeigeschafft werden. Bei einiger Entschlossenheit und Thätigkeit der Garnison wäre bei so bewandten Umständen das nähere Einschließen und Beschießen eine gewagte Unternehmung gewesen, und man hätte auf jeden Fall besser gethan, es dabei bewenden zu lassen, durch eine hinlänglich starke Blockade alle Verproviantirung der Festung unmöglich zu machen.

Die am 9ten Januar wieder eröffneten Unterhandlungen veranlaßten jedoch einen 2ten Waffenstillstand, der sich am 16ten mit Abschließung des Friedens in Kiel endigte.

Das Korps des Generals Wallmoden blieb bis zum 17ten in der Gegend von Neumünster, wo das Hauptquartier war. Am 18ten marschirte es ab, und über Bramstädt, Barmstadt, Wedel nach Buxtehude, indem es am 21sten mit einer Abtheilung über die gefrorne Elbe bei Blankensee ging, die andere aber sich bei Barmstadt links und über Elmshorn gegen Zollenspicker wandte, dort die Elbe passirte, und so auf Winsen ging.

Bei Winsen und Buxtehude, wo beide wieder zusammentrafen, wurden Kantonnirungen bezogen. Hier trennte sich noch das 3te Husarenregiment der englisch-deutschen Legion, und die 2 Batterien reitender Artillerie vom Korps, und marschirten auf besondern Befehl aus England nach Holland zum General Graham.

Der General Wallmoden hatte, in der Ueberzeugung, daß seine ganze Truppe nothwendig einige Zeit zur Reorganisirung und in Standsetznng, da sie nie vollkommen ausgerüstet gewesen, brauche, darauf angetragen, die Blockade von Harburg zu übernehmen; weil es nicht zu vermuthen war, daß in dieser Jahrszeit Operationen damit verbunden sein könnten, und weil in dieser Position das Korps im Stande war, von dem neu wieder organisirten hanuöverschen Gouvernement das Nöthige hiezu zu erhalten.

Er lösete zu dem Ende das Korps des Generals Stroganow ab, welches von da über den Rhein zur großen Armee marschirte. — General Stroganow hatte, nachdem er bis Mitte Januar Harburg nur beobachtet, in den letzten Tagen einen Angriff auf die vorpoussirten französischen Kantonnements gemacht, und diese bis in den Platz selbst und in die Redouten, die auf dem schwarzen Berge vor selben lagen, geworfen. Obschon die russischen Jäger bei dieser Gelegenheit bis in die Stadt gedrungen waren, hatte sie doch das Feuer des wohlbefestigten Schlosses wieder mit Verlust daraus vertrieben. Sie hatten indessen damit die enge Kantonnirung des Platzes bewirkt, welche jedoch bei dem äußerst strengen Winter, da einige Ortschaften unter dem Kanonenschusse der Werke lagen, für wenig Truppen zu beschwerlich war, um sie so auf die Länge stehen zu lassen. General Wallmoden begnügte sich daher, nur schwache Pickets auf den äußersten Posten zu lassen, und rückwärts auf einigen Hauptpunkten Reserven aufzustellen. Da er ein Bataillon in Glückstadt hatte lassen, einige der Hannoveraner zur Reorganisirung nach Stade, und die hanseatische Infanterie nach Bremen hatte verlegen müssen, so war das vor Harburg dienstthuende Korps auf 6 Bataillone russisch-deutscher Legion und 4 Bataillone Hannoveraner reducirt. An Kavalerie waren 6 Eskadronen Hanseaten, 5 Eskadronen hannöverscher Husaren, und 8 Eskadronen der russisch-deutschen Legion, bei dem Cernirungskorps.

Der Feind blieb indessen ruhig in den Werken, und hatte nur noch den Elbdamm, oberhalb Harburg nach Neuland besetzt, um seine Communikation mit der von ihm besetzten, gegenüberliegenden Insel Ochsenwerder zu erhalten, welches um desto leichter war, da die Elbe überall zugefroren und gangbar war.

General Wallmoden wurde um diese Zeit nach Hannover abgerufen, um die Organisation des nunmehr zu bildenden eigentlichen hannöverschen Korps mit dem Gouvernement zu besprechen. Vom Februar an hörten nämlich die bisherigen Verhältnisse des Korps mit England auf, welches bloß die Hanseaten bis zur Befreiung der Hansestädte in Sold behielt. Die russisch-deutsche Legion, so wie die übrigen neu errichteten Truppen kamen in hannöverschen Sold. Die bisherigen 6 dienstthuenden hannöverschen Bataillone wurden mit 3 vermehrt; das Jägerbataillon machte das 10te. Außer diesen wurden 30 Landwehrbattaillone errichtet, welches jedoch sehr langsam von Statten ging, weil alles dazu Gehörige von England geschickt werden sollte, und wegen des Eises nicht gelandet werden konnte.

Im Anfange Februars wollte der vor Hamburg kommandirende General Bennigsen die Insel Wilhelmsburg, zwischen Harburg und Hamburg, nehmen, und so die Communikation dieser beiden Plätze sperren.

Er schlug daher dem einstweilen vor Harburg kommandirenden General Ahrenschildt eine gemeinschaftliche Operation vor. Nach der Disposition sollte sich das vor Harburg stehende Korps in Angriffskolonnen so aufstellen, daß, wenn die Wilhelmsburg von den Russen genommen wäre, und eine Kolonne Harburg in Rücken nehme, der Sturm in Fronte auf die Werke zugleich geschehen sollte.

Indessen sollte dieser Angriff der Wilhelmsburg durch eine ernsthafte Demonstration auf der linken Seite von Harburg, längs des Elbdammes unterstützt werden, um die Garnison zu beschäftigen.

Der Angriff auf die Wilhelmsburg gelang aber nur bis auf einen gewissen Grad. Die auf der Insel gelegenen festen Punkte, einige geschlossene Werke und Blockhäuser konnten nicht genommen werden, die Kolonne, so Harburg in Rücken nehmen sollte, daher ihre Bestimmung nicht erreichen. Die Sache wurde also mit bedeutendem Verluste von beiden Seiten aufgegeben; das harburger Cernirungskorps war auf beiden Seiten längs der Elbe mit einigen Bataillonen so weit als möglich vorgedrungen, und hatte den Feind in dem Platze ernstlich beschäftigt. Der Verlust des Korps war über 100 Mann Todte und Blessirte.

Da der Kronprinz von Schweden, welcher sich indessen mit seiner schwedischen Armee langsam dem Rhein genähert, dem General Wallmoden den Befehl hinterlassen, bald möglichst mit Dem zu folgen, was von hannöverschen Truppen vor Harburg entbehrt werden könnte, und in marschfertigem Stande wäre, so betrieb dieser den Aufbruch eines Theils des Korps, und brach am 26sten Februar mit der russisch-deutschen Legion — 6 Bataillonen, 8 Eskadronen und 24 Kanonen, dann 1 Bataillon hannöverscher Jäger von Bremen, wo sich diese Truppen concentrirt hatten, nach Düsseldorf auf. Vor Harburg blieb unter den Befehlen des Generals Lyon, was an neu formirten hannöverschen Bataillonen dienstfähig war, eben so die Hanseaten, welche sich in Bremen reorganisirt hatten. Das Korps unter dem General Wallmoden ging vom 14ten bis 17ten bei Düsseldorf über den Rhein. Der General verfügte sich zum Kronprinzen nach Lüttich, und erhielt von diesem den vorläufigen Befehl, sich in der Gegend von Venlo und Roremonde zur Beobachtung dieser beiden Festungen aufzustellen. Da indessen England mehr Truppen vor Antwerpen brauchte, als es allda bisher unter dem General Graham versammelt hatte, so wurde die Bestimmung des Generals Wallmoden dahin abgeändert, daß sein Korps nach Mecheln zum General Graham beordert wurde. Er setzte sich dahin am 25sten März von Maaseyk aus in Marsch, und traf am 27sten in Löwen ein. Hier erhielt er die dringende Aufforderung des in Mons kommandirenden Herzogs von Weimar (wo selber mit dem größten Theile der sächsischen Truppen stand, und bisher eine Brigade unter dem General Gablinz zur Verstärkung des Generals Graham nach Lier detaschirt hatte), sich gegen Brüssel mit seinen Truppen zu dirigiren, weil der General Maison mit einer Abtheilung von etwa 8000 Mann, von Lille über Menin, Courtray, (von wo er das Detaschement des Majors Hellwig vertrieben) an dem sächsischen Korps vorbei, auf Gent marschirt sei, selbes, da es nur leicht besetzt gewesen, überrumpelt, und Brüssel bedrohe, welches nur 1500 Mann Garnison, (zurückgebliebene Detaschements der nach Frankreich vom bülowschen Korps zuletzt abmarschirten Division Borstel) hatte. Da die Truppen des Generals Wallmoden in 2 Kolonnen von der Maas an die Schelde marschirten, so konnte er am 28sten nur mit 4 Bataillonen, 4 Eskadronen in Brüssel eintreffen, die bisherige Besatzung wurde sogleich auf Alost vorpoussirt, wo bisher nur 1 Kosackenregiment gewesen. General Wallmoden meldete diese Ereignisse dem Feldmarschall Stedingk, welcher in Abwesenheit des Kronprinzen (der in's große Hauptquartier gehen wollte) die bei Lüttich seit 3 Wochen kantonnirenden Schweden kommandirte. Der Feldmarschall, den übeln Eindruck beherzigend, den es machen würde, wenn Brüssel verloren ginge, und 25,000 Schweden, einige Märsche davon, noch länger müssige Zuschauer blieben, fand sich bewogen, eine Division bis Löwen vorrücken zu lassen, um im Nothfalle à portée zu sein. —

Später, als der Kronprinz von seiner mißlungenen Reise zurückkam, und die Einnahme von Paris erfuhr, setzte er seine ganze Armee bis Brüssel in Bewegung. Am 26sten marschirte General Wallmoden nach Avehe, wo die sächsische Brigade vom General Gablinz, die in Lier und Mecheln von der 2ten Kolonne des Generals Wallmoden, vermöge der ersten Disposition, war abgelöset worden, zu ihm stieß. Noch wurde er durch ein auf dem Marsche nach Frankreich begriffenes preußisches Landwehrregiment verstärkt. Die Kosacken rückten wieder bis vor Gent, welches indessen der General Maison nur genommen hatte, um einen Theil der starken antwerper Garnison und zwar die Division Roguet, 7000 Mann stark, aus dieser Festung herauszuziehen. Nachdem er sich am 29sten mit selber vereinigt, und indessen durch eine Demonstration gegen Alost seine Bewegung masquirt hatte, marschirte er am 30sten schnell wieder ab, und in einem Marsche nach Courtray.

Der General Wallmoden schickte ihm auf der

geraden Straße nur die Kosacken und das 1ste Husarenregiment der deutschen Legion nach. Der Herzog von Weimar hatte indessen gleich nach dem Marsche des Generals Maison von Lille, die Division des Generals Thielmann, von etwa 7000 Mann, meist sächsische Landwehr gegen Oudenarde detaschirt, um den Bewegungen des Feindes zu folgen.

General Wallmoden schlug dem General Thielmann eine Vereinigung in Oudenarde vor, um sodann mit hinlänglichen Kräften den etwa auf 14,000 Mann angewachsenen General Maison, nach Umständen möglichst Abbruch zu thun, und setzte sich zu diesem Zwecke am 30sten so von Alost aus in Marsch, daß er am 31sten früh 10 bis 11 Uhr in Oudenarde eintreffen konnte.

General Thielmann besorgt, der Feind, der in einem Marsche von Gent bis Courtray gegangen, möchte sich mit dem 2ten Marsche schon unter dem Schutze seiner Festung befinden, erwartete den General Wallmoden nicht, sondern brach am 30sten Abends von Oudenarde auf, und griff am 31sten Morgens den so eben von Courtray abmarschirenden Feind an. Mit Uebermacht und vorzüglicher Truppengattung war es diesem leicht, nicht allein den Angriff abzuschlagen, sondern sodann seinen Vortheil zu verfolgen, und er drängte lebhaft den General Thielmann auf Oudenarde zurück, dessen wenige Linientruppen Mühe hatten, den Rückzug zu decken, und dabei viel verloren.

General Wallmoden kam indessen in Oudenarde an. Auf die Nachricht des unglücklichen Gefechtes, ließ er sogleich seine Truppen eine Position über Oudenarde hinaus gegen Courtray nehmen, und die sächsischen Landwehren sammelten sich wieder in Oudenarde, ihre Arriergarde war jedoch nur bis Avelghem, 1½ Stunden von dieser Stadt, lebhaft verfolgt worden. Der Feind setzte sodann seinen Marsch ununterbrochen nach Lille fort. Da er sich hier noch verstärken konnte, und seine Absichten nicht zu bestimmen waren, so wurden alle gegen ihn stehende Truppenabtheilungen zwischen Tournay und Mons concentrirt. General Graham, der nur wenig mehr in Antwerpen gegen sich hatte, schickte dem General Wallmoden noch das 3te Husarenregiment, und 2 Batterien der englisch-deutschen Legion zur Verstärkung, dagegen die sächsische Brigade Gablinz wieder zu ihrem Korps einrückte.

Das Korps des Generals Wallmoden kam nach Leuze und Ath, und beobachtete Condé. Die Sachsen standen in Tournay und Mons. Es vergingen so noch einige Tage mit unbedeutenden Bewegungen, die sich nach jenen des Feindes richteten, der wahrscheinlich, um ein Korps zusammenzuziehen, zwischen seinen Festungen manöverirte. Wie nachher bekannt wurde, war es wirklich des Generals Maison's Bestimmung, mit etwa 25,000 Mann zu Napoleon zu stoßen. Indessen die Ereignisse bei der großen Armee und in Paris, machten dort sowol, als hier dem Feldzuge ein Ende.

FSC
www.fsc.org
MIX
Papier | Fördert
gute Waldnutzung
FSC® C083411

Kolibri 360 GmbH
Ferdinand-Jühlke-Straße 7
99095 Erfurt, Deutschland
produktsicherheit@kolibri360.de